학부 기계 진동학

저자 강 상 욱

한성대학교출판부

머 리 말

시중에서 판매되고 진동학 교재들은 대부분 외국 서적을 번역한 것으로, 한 학기 동안 배우기에는 분량이 너무 많고 대학원에서 배워야 하는 내용들 까지 포함되어 있어서, 학부생들이 진동학에 대한 기본 개념을 익히고 실제 기계나 구조물들의 진동 문제를 해결할 수 있는 기본 응용력을 습득하기에는 적절치 않다. 외국 서적을 번역하지 않고 직접 집필한 교재들도 존재하나, 그 내용 구성이 하나의 흐름을 이루지 않고 기존 진동학 서적의 여기저기에서 진동학 이론들을 가져와서 짜깁기하는 식으로 내용이 구성되어 있다. 본 교재의 저자는 이러한 단점을 보완하기 위하여, 지난 15년 동안 강의한 진동학 강의 노트를 기본으로 하여 학부생들이 한 학기동안 배울 진동학의 핵심 이론을 기본에서 응용까지 하나의 줄기를 가지고 구성하였고, 습득한 이론을 졸업 후 현장에서 활용할 수 있는 실질적인 다양한 예제 풀이를 교재의 본문에 실었다. 아울러, 학생들이 진동학 이론을 배우는데 그치지 않고, 배운 이론을 산업 현장의 다양한 문제들에 접목할 수 있는 다양한 능력을 키울 수 있도록, 실용 연습문제를 각 장이 끝나는 부분에 배치하였다.

1장에서는 진동에 관한 기본 용어 및 개념, 2장에서는 1자유도 진동계의 자유 진동, 3장에서는 조화 가진력을 받는 1자유도 진동계의 강제 진동, 4장에서는 일반 가진력을 받은 1자유도 진동계의 강제 진동, 5장에서는 다자유도 진동계에 대해 기술하였다. 참고로, 시중의 대부분의 진동학 교재에서 다루는 연속체 진동에 대한 내용은 대학원 과정이기 때문에 본 교재에서는 과감히 생략하여 학부 진동학에서 꼭 필요한 내용만으로 이 책을 구성 하였다.

2015년 3월

저자 **강상욱**

Contents

차 례

PART

01

진동 기초

학부 기계 진동학

PART 01 진동 기초

1.1 진동이란?

스프링, 빔, 샤프트와 같은 탄성체가 외력에 의해 정적 평형 위치를 벗어나면, 탄성체는 복원력에 의해 진동을 하게 된다. 이러한 진동 현상은 탄성체가 정적 평형 위치를 벗어났을 때 가지게 되는 퍼텐셜에너지와 탄성체가 가지는 운동에너지가 상호 교환되는 작용에 의해 발생한다.

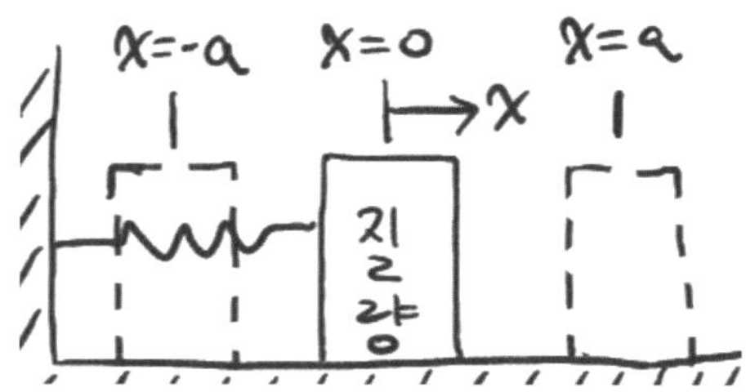

그림 1.1 스프링에 연결된 질량

그림 1.1과 같이 스프링에 질량이 달려 있는 시스템을 고려해보자. 질량이 $x=0$인 위치가 정적 평형 위치에 해당하며, 이 위치에서 스프링은 변형이 없는 상태이기 때문에 어떠한 복원력(또는 퍼텐셜에너지)도 가지고 있지 않다. 이제 질량을 $x=a$인 위치까지 이동시킨 상태에서 가만히 놓으면, 질량은 $x=-a$와 $x=a$ 사이를 왕복 운동하는 진동 현상이 발생하게 된다. 이때 시스템의 운동에너지와 퍼텐셜 에너지 사이의 교환이 발생하게 된다. $x=a$와 $x=-a$ 위치에서는 질량의 운동방향이 반대 방향으로 바뀌므로 질량의 속도가 0이 되어서 질량의 운동에너지는 0이 되고 스프링이 최대 변형 상태이므로 스프링에 저장된 퍼텐셜에너지는 최대가 된다. 그리고 $x=0$인 위치에서는 질량의 속도는 최대가 되어 운동에너지가 최대가 되고 스프링은 변형

이 없으므로 퍼텐셜에너지는 0이 된다. 이러한 운동에너지와 퍼텐셜에너지의 상호 교번 작용에 의한 진동은 마찰력에 의한 에너지 손실이 없다면 무한 반복하게 된다. 참고로, 운동에너지와 퍼텐셜에너지의 합을 역학적 에너지(mechanical energy)라고 말하며, 그림 1.1에서 질량이 어떤 위치에 있든지 마찰력이 없다면 역학적 에너지는 일정하다.

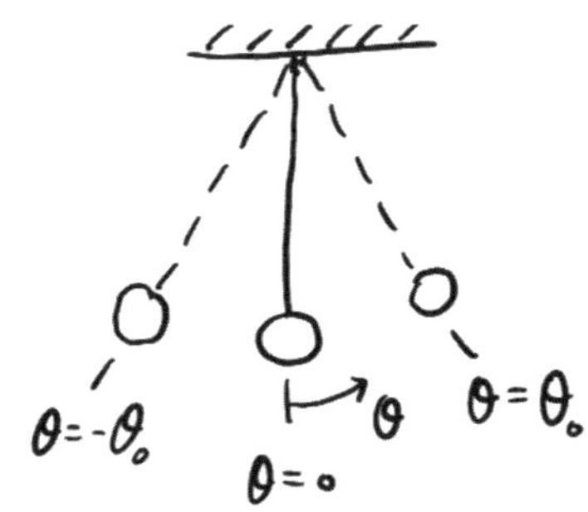

그림 1.2 줄에 매달린 진자

그림 1.2와 같이 줄에 진자가 달려 있는 시스템을 고려해보자. 진자를 $\theta=\theta_0$인 위치에서 가만히 놓으면, 진자는 $\theta=\theta_0$와 $\theta=-\theta_0$ 사이를 반복 운동하게 된다. 이때, $\theta=0$에서는 진자의 운동에너지는 최대가 되며 중력에 의한 퍼텐셜에너지는 최소가 된다. 반면에 $\theta=\theta_0$와 $\theta=-\theta_0$에서는 진자의 운동 방향이 바뀌므로 운동에너지는 0이 되고, 퍼텐셜에너지는 최대가 되게 된다. 마찬가지로 진자가 어떤 위치에 있든지 역학적 에너지는 (마찰력에 의한 에너지 소산이 없다면) 일정하다고 말할 수 있다. 그림 1.1과 같은 시스템에서 퍼텐셜에너지는 스프링의 탄성력과 관계가 있으며, 그림 1.2와 같은 시스템에서 퍼텐셜에너지는 중력과 관계가 있다.

위에서 살펴본 바와 같이, 진동(oscillatory motion)은 물체가 정적 평형 위치에 대해 반복적으로 움직이는 현상을 의미한다. 특히, 움직이는 현상이 같은 패턴으로 반복될 경우 주기 운동(periodic motion)이라 부른다. 예를 들면, 그림 1.1과 그림 1.2의 시스템 운동이 주기 운동에 해당된다. 주기 운동에서 반복 되는 운동 패턴을 사이클이라 부르며, 하나의 사이클이 이루어지는데 소요되는 시간을 주기(period)라하며 주기의 단위는 [초]이다. 진동수(frequency)는 1초 동안 발생한 사이클의 수를 의미하며 단위는 [사이클/초]이다. 그림 1.1에서 질량이 $x=a$ 위치에서 출발하여 다시 $x=a$ 위치로 돌아오는데 소유된 시간이 0.5초라면 주기는 0.5초이며, 진동수는 2[사이클/초]이다. 결과적으로 주기와 진동수는 역수 관계에 있음을 알 수 있다. 진동수의 단위인 [사이클/초]는 간단히 [Hz]로 표시하며 [Hz]는 '헤르츠'로 발음한다.

1.2 조화 운동

주기 운동 중의 하나인 조화 운동(harmonic motion)은 운동 양상이 사인 또는 코사인 함수로 나타나는 운동이다. 그림 1.3과 같이 질량이 $t=0$인 위치에서 출발하여 시계 반대 방향으로 ω[rad/sec]의 각속도로 원운동하고 있을 때, 질량의 y 좌표는 그림 1.3의 직각 삼각형에서 빗변 a의 사인 성분에 해당하므로 식(1.1a)와 같이 사인 함수로 구해진다.

$$y(t)=a\sin(\omega t) \tag{1.1a}$$

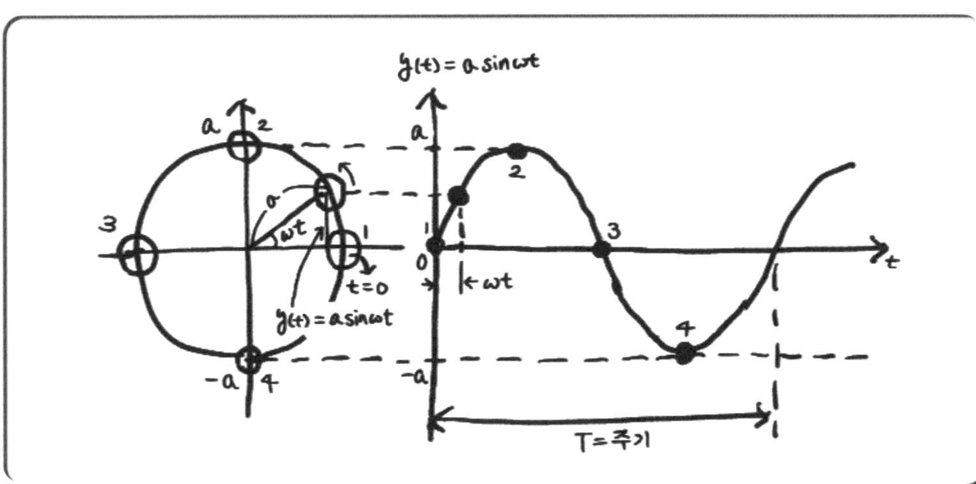

그림 1.3 원운동하고 있는 질량

$y(t)$는 원운동하고 있는 질량의 수직 변위를 뜻하며, 질량은 수직 방향으로 조화운동을 한다고 말할 수 있다. 식(1.1a)를 미분하면 속도 $\dot{y}(t)$가 다음과 같이 구

해진다.

$$\dot{y}(t) = a\omega\cos\omega t \tag{1.1b}$$

위식으로부터 속도의 최대값은 $\dot{y}_{\max} = |a\omega|$임을 알 수 있다. 식(1.1b)를 미분하면 다음과 같이 가속도 $\ddot{y}(t)$가 구해진다.

$$\ddot{y}(t) = -a\omega^2\sin\omega t \tag{1.1c}$$

위식으로부터 가속도의 최대값은 $\ddot{y}_{\max} = |a\omega^2|$임을 알 수 있다.

조화 운동의 경우 진동수의 단위로 [rad/sec]도 사용되며, 이 단위는 물체가 초당 회전한 각도를 의미한다. 만약 그림 1.3에서 질량의 각속도가 $\omega = 8\pi$[rad/sec]라면, 질량이 초당 8π [radian] 회전하므로 진동수는 8π[rad/sec]이라고 말할 수 있다. 또한 2π [radian]은 1바퀴(원운동에서는 1바퀴가 1사이클)에 해당하므로, 질량은 1초에 4사이클 진행한다고 말할 수 있다. 결과적으로 질량의 진동수는 4Hz가 되게 된다. 요약하면, 조화운동에서는 진동수의 단위로 [rad/sec]와 [Hz]를 사용할 수 있으며, 예를들어 10π[rad/sec]는 $10\pi/2\pi = 5$[Hz]와 같다.

예제1.1 **조화운동하고 있는 물체의 진동수가 30rad/s이다. 진동수를 Hz 단위로 환산하라.**

풀이 조화운동에서 2π[rad]은 1사이클에 해당하므로, 30[rad]은 $30/2\pi = 4.78$ [사이클]에 해당한다. 결과적으로 진동수 30rad/s은 진동수 4.78Hz로 환산된다.

고유진동수(natural frequency)는 그림 1.1과 같이 마찰력을 무시할 수 있는 시스템에서 질량을 정적 평형 위치로부터 일정 거리만큼 이동 시킨 후 놓으면, 질량은 일정한 진동수를 가지고 진동하게 된다. 이 진동수를 고유진동수라고 말한다.

감쇠 고유진동수(damped natural frequency)는 그림 1.1에서 질량과 지면 사이의 마찰력이 존재하는 경우, 질량을 일정 거리만큼 이동시킨 후 놓으면 질량은 일정한 진동수로 진동하면서 진동의 폭은 점점 줄어들어들게 된다. 이 진동수를 감쇠 고유진동수라고 말한다.

자유도(degree of freedom)는 움직이고 있는 물체의 운동을 정확히 기술하기 위해 필요한 좌표의 수를 의미한다. 예를 들면, 그림 1.4a와 같이 스프링에 매달린 질량의 운동을 기술하기 위해선 좌표 x가 필요하다. 그래서 그림 1.4a와 같은 시스템의 자유도는 1이다 말한다. 그림 1.4b에서 강체 막대기의 운동을 기술하기 위해서 막대기 질량 중심의 수직 방향 변위를 기술하기 위한 좌표 x와 막대기의 회전을 기술하기 위한 회전각 좌표 θ를 설정하면 된다. 결과적으로 그림 1.4b와 같은 시스템은 2자유도 시스템이다.

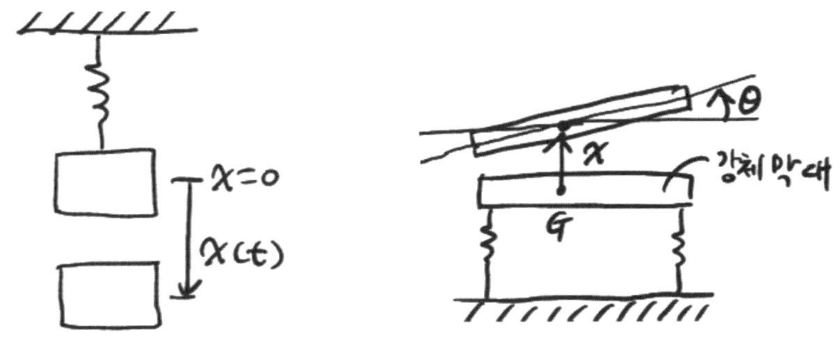

(a) 1자유도 시스템 (b) 2자유도 시스템

그림 1.4 시스템의 자유도

예제1.2 앞의 그림 1.2와 같은 진자 시스템의 자유도는?

풀이 평면상에서 운동하고 있는 진자의 운동을 정확히 기술하기 위해서 그림 e1.2.1과 같이 좌표 $(x,\ y)$가 필요하다. 그러나 x와 y는 독립 변수가 아니라 구속 조건 $x^2+y^2=L^2$에 의해 종속되어 있다. 그래서 진자 시스템의 자유도는 식(e1.2.1)에 의해 1이다.

$$\text{자유도} = \text{좌표 수} - \text{구속조건 수} \tag{e1.2.1}$$

식(e1.2.1)와 같이, 설정된 좌표들 간의 구속 조건이 존재하는 경우 좌표 수에서 구속 조건 수를 빼준 값이 자유도이다.

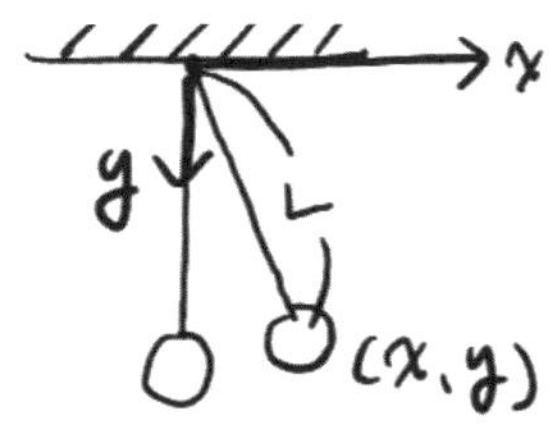

그림 e1.2.1 운동 기술을 위한 좌표 $(x,\ y)$ 설정

예제1.3 **예제 1.2와 다른 방식으로 진자 시스템의 자유도를 구하여라.**

풀이 진자의 운동을 정확히 기술하기 위해서 그림 e1.3.1과 같이 진자의 회전각 좌표 θ를 설정하면 된다. 결과적으로 진자 시스템의 자유도는 1이다.

그림 e1.3.1 운동 기술을 위한 좌표 θ 설정

1.3 자유 진동과 강제 진동 (free vibration and forced vibration)

시스템에 가해지는 외력의 존재 유무에 따라 자유 진동과 강제 진동으로 구분된다. 그림 1.5에서 손으로 스프링 끝을 흔드는 외력을 가하면 질량도 같이 진동하게 된다. 손에 의해 외력이 가해지고 있는 동안은 질량은 강제 진동을 하고 있다고 말한다. 만약 손으로 흔드는 외력을 멈추더라도 여전히 질량은 진동하게 된다. 이때의 진동을 자유 진동이라고 말한다. 즉, 시스템에 외력이 가해지고 있는 동안의 진동을 강제 진동이라고 말하며, 외력이 존재하지 않은 상태에서의 진동을 자유 진동이라 말한다.

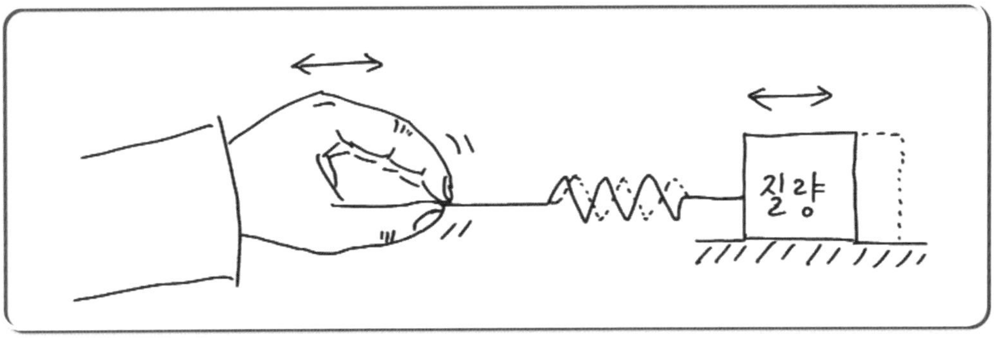

그림 1.5 손에 의해 야기된 질량의 진동

자동차가 주행 중일 때 엔진의 폭발력이 외력으로 작용하여 차실 시트가 흔들릴 수 있다. 이 경우 차실 시트는 강제 진동을 하고 있는 것이다. 반면에 자동차의 시동을 끄더라도 여전히 진동이 남아 있게 된다. 이 경우의 진동을 자유 진동이라 말할 수 있다.

강제 진동수(forced frequency)는 외력의 진동수를 의미하며 가진 주파수(exciting frequency)로도 불리어진다. 그림 1.5에서 손을 초당 다섯 번 흔든다면 외력의 강제 진동수는 5Hz이다. 예를 들어 세탁기에서 빨래를 탈수할 때 세탁기가 많이 흔들리는 모습을 볼 수 있다. 일반적으로 탈수할 때 모터가 세탁조를 회전시키는 각속도는 720rpm이다. 세탁조 속에서 회전하고 있는 빨래의 원심력이 외력이므로 외력의 강제 진동수는 720rpm이며 이 값을 [Hz] 단위로 환산하면 강제 진동수는 12Hz가 된다.

예제1.4 **어떤 질량이 1200rpm으로 회전하고 있을 때, 진동수를 [Hz] 단위로 구하여라.**

풀이 단위 [rpm]은 [revolution/minute]의 약자이며, 분당 회전한 바퀴 수를 의미한다. 1200rpm은 분당 1200바퀴 회전하는 것을 의미하므로, 초당 20바퀴 회전한다고 말할 수 있다. 결과적으로 진동수는 20[Hz]로 환산된다.

공진[resonance]은 시스템의 고유진동수와 외력의 강제진동수가 일치하게 되면 시스템의 진폭이 점점 커지게 되는 현상을 의미한다. 공진이 발생하면 이론적으로는 진동하는 물체의 진폭이 무한대까지 커지게 되나, 실제 시스템에서는 진폭이 어떤 수준까지 커지게 되면 시스템은 더 이상 유지되지 못하게 된다. 예를 들면, 그림 1.5에서 공진이 발생하면, 질량의 진폭이 점점 커지다가 스프링이 끊어지게 된다.

1.4 시스템의 모델링

실제 기계나 장치들은 2자유도 이상의 자유도를 가지는 다자유도 시스템이 대부분이다. 기계나 장치들을 다자유도 시스템으로 모델링하여 진동 현상을 분석한다면 보다 정확한 결과를 얻을 수 있겠으나, 3자유도 이상의 다자유도 시스템의 경우에는 매트랩(Matlab)과 같은 수치해석 소프트웨어를 이용하여 행렬 형태의 운동 방정식을 풀어야 한다. 결과적으로, 수치해석 소프트웨어가 제공하는 해석 결과만을 확인할 수 있기 때문에 시스템 물성들(질량, 강성, 감쇠)이 어떻게 진동 양상에 영향을 미치는지에 대한 고찰이 불가능하다. 그래서 해석 결과의 정밀도가 크게 떨어지지 않는다면, 실제 기계나 장치들을 1자유도 또는 2자유도 시스템으로 모델링하는 공학적 접근 방법이 요구된다.

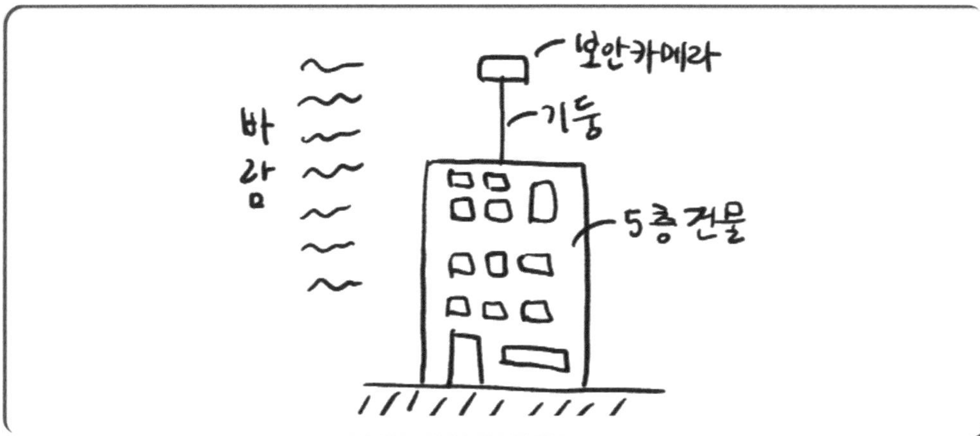

그림 1.6 건물 옥상에 설치된 감시 카메라

예를 들면, 그림 1.6과 같은 건물 옥상에 설치된 감시 카메라가 측면에서 불어오는 바람에 의해 좌우 방향으로 진동할 때, 카메라의 좌우 진동을 분석해야 한다고 생각해보자. 바람에 의해 카메라뿐만 아니라 건물도 진동하지만, 건물의 진동은 카메라의 진동에 비해 무시할 만큼 작기 때문에, 건물의 진동은 모델링에 포함하지 않는 공학적 접근 방법이 필요하다. 이제 해석 대상을 그림 1.7과 같이 카메라와 카메라 기둥으로 제한하며 기둥 하단은 옥상 바닥에 고정되어 있다고 가정한다. 시스템의 질량은 카메라의 질량으로 생각할 수 있으며, 시스템의 강성은 기둥의 강성으로 생각하면 된다, 시스템의 감쇠는 카메라가 진동을 감소시키는 요소인 기둥 내부 분자들 간의 마찰이나 카메라와 공기와의 마찰에 의한 감쇠이다.

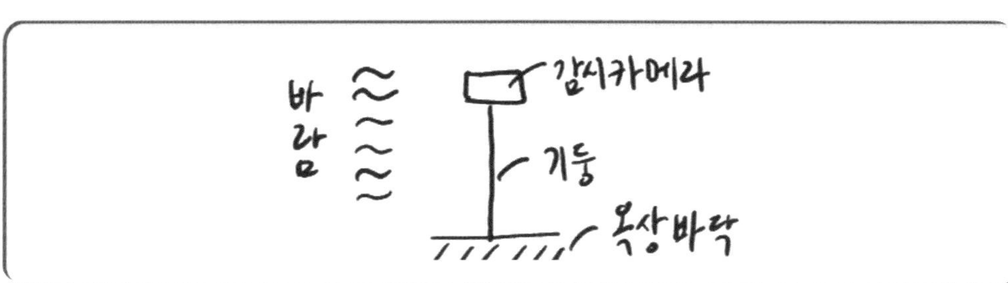

그림 1.7 단순화된 시스템

기계나 장치를 모델링을 할 때, 시스템의 강성 요소과 감쇠 요소는 그림 1.8과 같이 스프링(spring)과 감쇠기(damper)로 각각 표현된다. 여기서 k는 스프링의 스프링 상수(spring constant)이며, c는 감쇠기의 감쇠 계수(damping coefficient)를 뜻한다.

그림 1.8 강성 요소와 감쇠 요소

스프링에 가해진 힘 F[N]와 스프링의 변형량 x[m]는 스프링의 구조나 재료 물성에 따라 다양한 상관관계를 가지나, 그림 9와 같이 F와 x는 서로 비례하여 다음의 식을 만족하는 선형 스프링(linear spring)으로 가정한다.

$$F = kx \tag{1.2}$$

여기서 스프링 상수 k는 F와 x의 비례 상수(직선의 기울기)임을 알 수 있다.

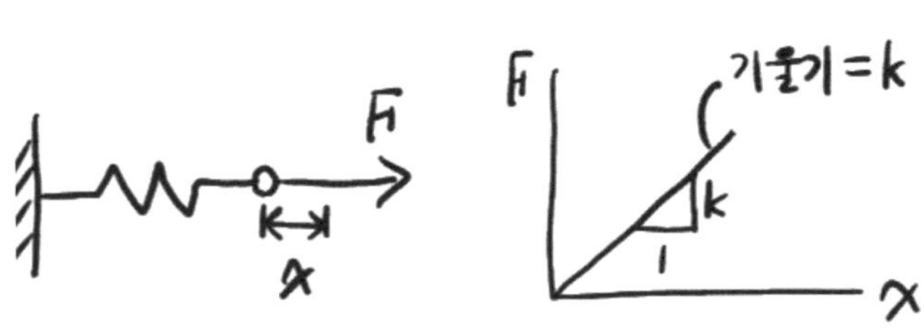

그림 1.9 선형 스프링 특성

감쇠의 종류는 다양하나 본 교재에서는 점성 감쇠(viscous damping)로 가정한다, 그래서 그림 1.10과 같이 감쇠기에 가해진 힘 F와 감쇠기의 속도 $\dot{x}$는 서로 비례하여 다음의 식을 만족한다.

$$F = c\dot{x} \tag{1.3}$$

여기서 감쇠 계수 c의 단위는 [N·s/m] 또는 [kg/s]이다.

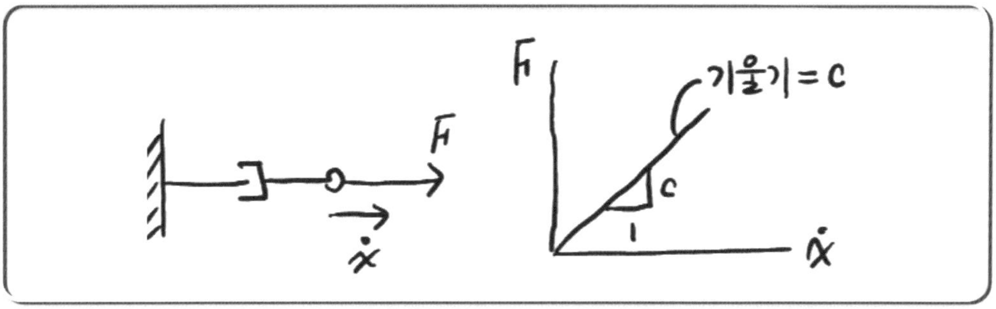

그림 1.10 점성 감쇠 특성

등가 스프링 상수(equivalent spring constant) k_{eq}는 모델링을 보다 단순화하기 위해 구해진다. 예를 들어 그림 1.7과 같은 시스템에서 강성 요소는 기둥이다. 이 기둥은 카메라가 수평 방향으로 움직이거나 수직 방향으로 움직일 때 스프링과 같은 역할을 하여 카메라를 원래 위치로 복원 시킨다. 바람이 수평 방향으로 불고 있으므로 수평 방향의 기둥 강성만을 구해보자. 그림 1.11과 같이 기둥의 상단에 힘 F를 가할 때 상단은 변위 x만큼 이동했다고 가정하자. 이때 변위 x는 한쪽이 고정된 빔의 휨 변형과 관련된 식(1.4)에 의해 구해진다.

$$F = \frac{EI}{L^3}x \tag{1.4}$$

여기서 L은 기둥의 길이, E는 기둥의 영률, I는 기둥 단면적의 2차 관성 모멘트이다. 식(1.4)를 식(1.2)와 비교해보면, 기둥을 선형 스프링으로 모델링했을 때의 등가 스프링 상수 k_{eq}는 다음과 같음을 알 수 있다.

$$k_{eq} = \frac{EI}{L^3} \tag{1.5}$$

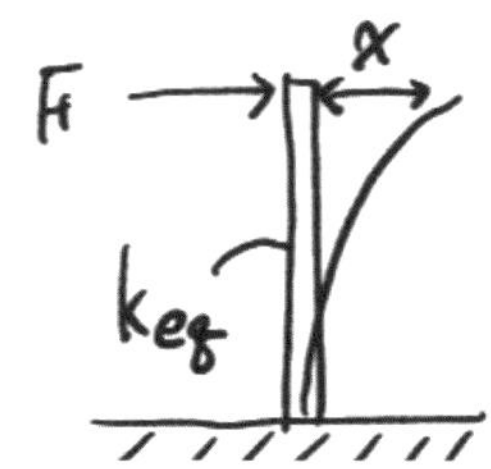

그림 1.11 기둥의 등가 스프링 상수 k_{eq}

위에서 설명한 등가 강성을 이용하여 그림 1.7의 시스템을 1자유도로 모델링하면 그림 1.12와 같다. 여기서 질량 m은 카메라의 질량, 등가 스프링 상수 k_{eq}는 기둥의 휨 강성(bending stiffness) 식(1.5)에 해당된다. 그리고 등가 감쇠 계수 c_{eq}는 시스템 전체의 감쇠 크기를 나타내는 값으로 실험적으로 구해질 수 있다. 만약 시스템의 감쇠가 무시할 정도로 작다고 생각한다면, $c=0$으로 가정하면 된다.

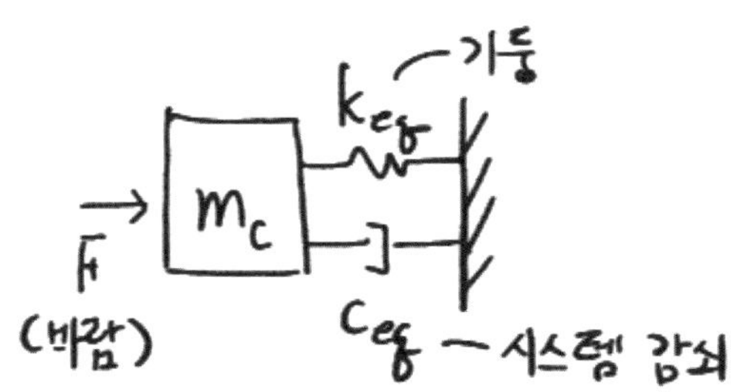

그림 1.12 1자유도로 모델링된 시스템

그림 1.12에서 질량을 당겼다가 놓았을 때 질량이 흔들리는 진동수를 시스템의 고유진동수 ω_n이라고 말한다. 이 고유진동수는 다음의 식에 의해 구해진다.

$$\omega_n = \sqrt{\frac{k_{eq}}{m_c}} = \sqrt{\frac{EI}{m_c L^3}} \tag{1.6}$$

식(1.6)에서 구해진 고유진동수의 단위는 [rad/s]이다. 고유진동수에 대한 추가적인 설명은 2장에서 계속된다.

예제1.4 **그림 1.7에서 카메라에 수직 방향 힘이 가해졌을 경우, 기둥의 등가 스프링 상수와 시스템 고유진동수를 구하여라.**

풀이 재료역학에서 한쪽이 고정된 바(bar)의 반대쪽에 힘 F를 가하면 변위 x는 식(e1.4.1)을 만족한다.

$$x = \frac{FL}{EA} \tag{e1.4.1}$$

여기서 A는 기둥의 단면적이다. 위식을 F에 대한 식으로 나타내면,

$$F = \frac{EA}{L}x \tag{e1.4.2}$$

위식을 식(1.2)와 비교해보면, 등가 스프링 상수는 다음과 같이 구해진다.

$$k_{eq} = \frac{EA}{L} \tag{e1.4.3}$$

그림 e1.4.1은 등가 시스템을 나타내며, 고유진동수는 다음과 같다.

$$\omega_n = \sqrt{\frac{k_{eq}}{m_c}} = \sqrt{\frac{EA}{m_c L}} \tag{e1.4.4}$$

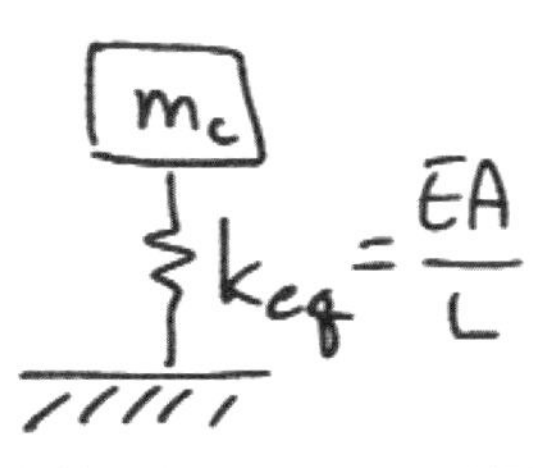

그림 e1.4.1 등가 시스템

예제1.5 그림 e1.5.1에서 체중이 60kg인 남성이 양쪽에 벽돌로 받친 나무판 가운데에 서 있을 때 나무판이 밑으로 2mm 처졌다. 나무판의 길이가 2m, 폭이 20cm, 두께가 4cm인 경우에

(a) 나무판의 영률 E를 구하여라.

(b) 등가 스프링 상수를 구하고 시스템을 1자유도 등가시스템으로 모델링하라.

(c) 고유진동수를 구하라.

그림 e1.5.1 나무판의 등가 강성

풀이 (a) 재료역학에서 양단이 단순지지된 빔(simply supported beam)의 가운데 지점에 힘 F를 가하면 변위 x는 다음과 같다.

$$x = \frac{FL}{EA} \quad \text{또는} \quad F = \frac{EA}{L}x \tag{e1.5.1, e1.5.2}$$

그림 e1.5.1의 경우도 양단이 단순지지된 빔에 해당되므로 식(e1.5.2)를 만족한다. 여기서 힘 F는 여성의 자중 mg와 같고, 변위 x는 나무판 가운데 지점의 처짐량 δ=2mm와 같다. 결과적으로 식(e1.5.2)는 다음과 같이 작성 될 수 있다.

$$mg = \frac{EA}{L}\delta \tag{e1.5.3}$$

식(e1.5.3)을 탄성 계수 E에 대한 식으로 표현하면 다음과 같다.

$$E = \frac{mgL}{A\delta} \tag{e1.5.4}$$

식(e1.5.4)에 알고 있는 값들을 대입하면 나무판의 영률을 구할 수 있다.

$$E=\frac{(60)(9.81)(2)}{(0.2\times 0.04)(0.02)}=7357.5[\mathrm{kN/m^2}] \qquad \text{(e1.5.5)}$$

(b) 식(e1.5.2)로부터 등가 스프링 상수는 다음과 같이 구해진다.

$$k_{eq}=\frac{EA}{L}=\frac{(7357.5\times 10^3)(0.2\times 0.04)}{2}=29.43[\mathrm{kN/m}] \qquad \text{(e1.5.6)}$$

그리고 1자유로 시스템으로 모델링하면 다음과 같다. 여기서 m은 60kg이고 k_{eq}는 29.43kN/m이다.

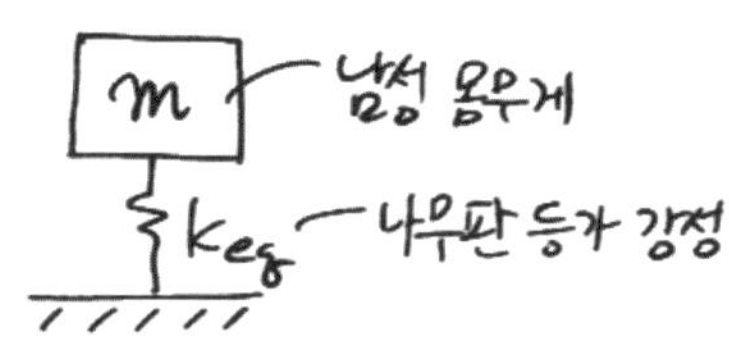

그림 e1.5.2 1자유도 등가시스템 모델링

(c) 고유진동수는 다음과 같이 계산된다.

$$\omega_n=\sqrt{\frac{k_{eq}}{m}}=\sqrt{\frac{29.43\times 10^3}{60}}=22.15\mathrm{rad/s}$$

1.5 스프링의 직렬연결과 병렬연결

그림 1.13a와 같이 스프링 상수가 k인 스프링 두 개가 직렬 연결된 진동 시스템을 등가 스프링 상수를 구하여 단순화 시키면 그림 1.13b와 같이 될 수 있다. 이때 등가 스프링 상수 k_{eq}은 k_1과 k_2를 사용하여 구해져야 한다. 만약 그림 1.13의 두 시스템이 같은 스프링 특성을 가지고 있다면, 두 시스템의 질량들에 똑같이 힘 F를 가하면

그림 1.13a에서의 질량 변위 x_a와 그림 1.13b에서의 질량 변위 x_b는 서로 같다. 즉,

$$x_a = x_b \tag{1.7}$$

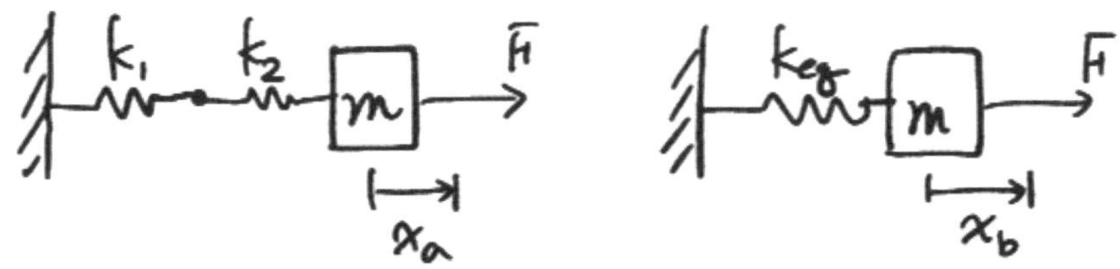

(a) 스프링 직렬 연결 시스템 (b) 등가 시스템

그림 1.13 직렬 연결된 두 스프링의 등가 스프링 상수

그림 1.13a에서 뉴턴의 작용 반작용 법칙을 고려하면 그림 1.14과 같이 내력들을 표시할 수 있다. 그림 1.14에서 스프링 k_1의 인장량 x_1과 스프링 k_2의 인장량 x_2는 식 (1.2)에 의해 다음과 같다.

$$x_1 = F/k_1, \ \ x_2 = F/k_2 \qquad (1.8,\ 1.9)$$

그림 1.13a에서의 질량 변위 x_a는 두 스프링의 변형량(인장량)의 합이므로 다음이 성립한다.

$$x_a = x_1 + x_2 \tag{1.10}$$

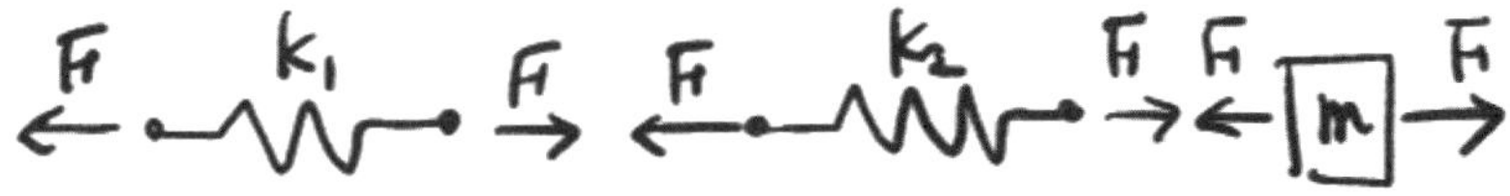

그림 1.14 직렬 연결된 스프링 내력

식(1.8)과 식(1.9)를 식(1.10)에 대입하면 다음과 같이 된다.

$$x_a = (\frac{1}{k_1} + \frac{1}{k_2})F = F/(\frac{k_1 k_2}{k_1 + k_2}) \tag{1.11}$$

한편, 그림 1.13b에서의 질량 변위는 식(1.2)에 의해 다음과 같이 구해진다.

$$x_b = F/k_{eq} \tag{1.12}$$

마지막으로, 식(1.7)에서 $x_a = x_b$가 성립하므로 식(1.11)과 식(1.12)를 같게 놓으면 다음과 같이 등가스프링 상수를 구할 수 있다.

$$k_{eq} = \frac{k_1 k_2}{k_1 + k_2} \tag{1.13}$$

다음으로, 그림 1.15a와 같이 병렬 연결된 두 스프링을 가진 시스템을 그림 1.15b와 같이 등가 스프링을 이용하여 모델링해보자. 질량에 힘 F를 가하면 두 스프링은 같은 변형량 x를 가진다. 이때 두 스프링을 당기는 내력은 그림 1.16과 같이 F_1과 F_2로 다른 값을 가진다.

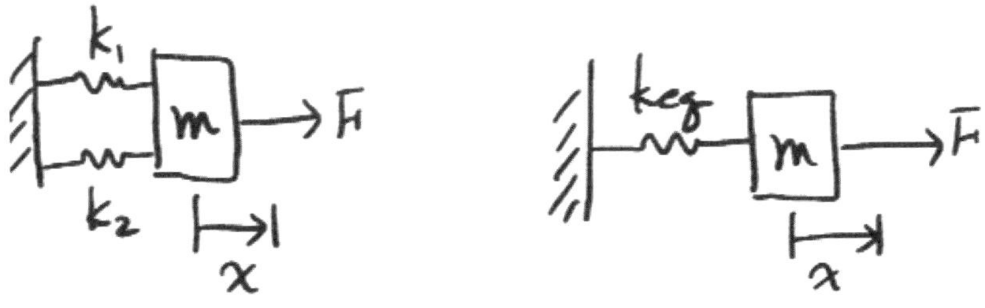

(a) 스프링 병렬 연결 시스템 (b) 등가 시스템

그림 1.15 병렬 연결된 두 스프링을 가진 시스템

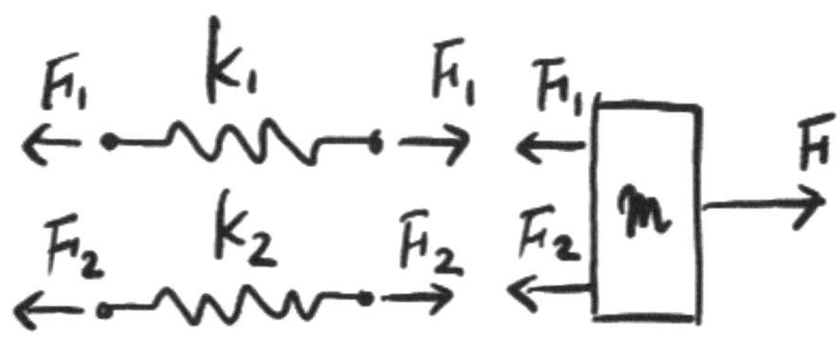

그림 1.16 병렬 연결된 스프링 내력

그림 1.16에서 정지 상태에 있는 질량에 작용하는 힘의 합력은 0이므로 다음의 식이 성립한다.

$$F = F_1 + F_2 \tag{1.14}$$

그림 1.16에서 스프링 k_1의 변형량과 스프링 k_2의 변형량은 둘 다 x이므로 다음의 식이 성립한다.

$$F_1 = k_1 x, \quad F_2 = k_2 x \qquad (1.15,\ 1.16)$$

식(1.15)와 식(1.16)을 식(1.14)에 대입하면 다음의 식이 성립한다.

$$F = k_1 x + k_2 x = (k_1 + k_2)x \tag{1.17}$$

한편, 그림 1.15b에서도 힘 F를 가하면 변위가 등가 스프링의 변위가 x이므로 다음의 식이 성립한다.

$$F = k_{eq} x \tag{1.18}$$

식(1.17)에서의 변형량 x와 식(1.18)에서의 변형량 x가 같으므로 다음의 식이 성립한다.

$$x = \frac{F}{k_1 + k_2} = \frac{F}{k_{eq}} \tag{1.19}$$

마지막으로 식(1.19)로부터 등가 스프링 상수는 다음과 같이 구해진다.

$$k_{eq} = k_1 + k_2 \tag{1.20}$$

예제1.6 그림과 같은 시스템의 등가 스프링 상수를 구하여라.

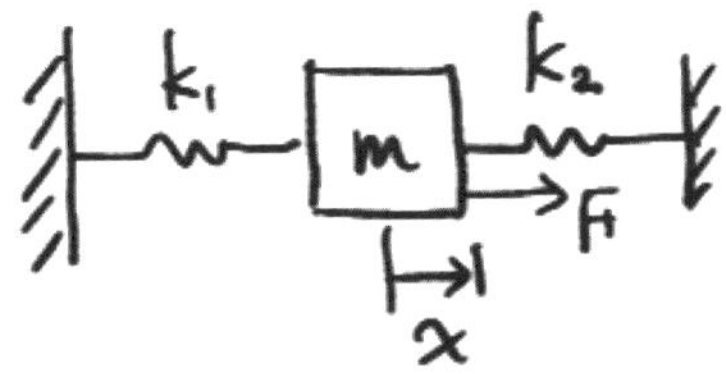

그림 e1.6.1 두 개의 스프링을 가진 시스템

풀이 질량 m에 우측 방향으로 F를 가하여 x만큼 이동한 상태로 정지 상태에 있을때, 스프링에 작용하는 내력들은 그림 e1.6.2와 같다.

그림 e1.6.2 스프링 내력

그림 e1.6.2에서 질량 m이 정지 상태에 있으므로, 다음과 같은 힘 평형식이 성립한다.

$$F = F_1 + F_2 \tag{e1.6.1}$$

스프링 k_1에 힘 F_1이 작용하여 x만큼 인장되었으므로 다음의 식이 성립한다.

$$F_1 = k_1 x \tag{e1.6.2}$$

마찬가지로, 스프링 k_2에 힘 F_2이 작용하여 x만큼 압축되었으므로 다음의 식이 성립한다.

$$F_2 = k_2 x \tag{e1.6.3}$$

식(e1.6.2)와 식(e1.6.3)을 식(e1.6.1)에 대입하고 정리하면, 다음 식을 얻을 수 있다.

$$F = (k_1 + k_2)x \tag{e1.6.4}$$

위식으로부터 등가스프링 상수는 그림 e1.6.3과 같이 $k_{eq} = k_1 + k_2$임을 알 수 있다. 참고로, 그림 e1.6.1의 시스템은 두 스프링이 모양 상으로는 직렬 연결된 모양이지만 물리적으로는 병렬 연결된 상태이다.

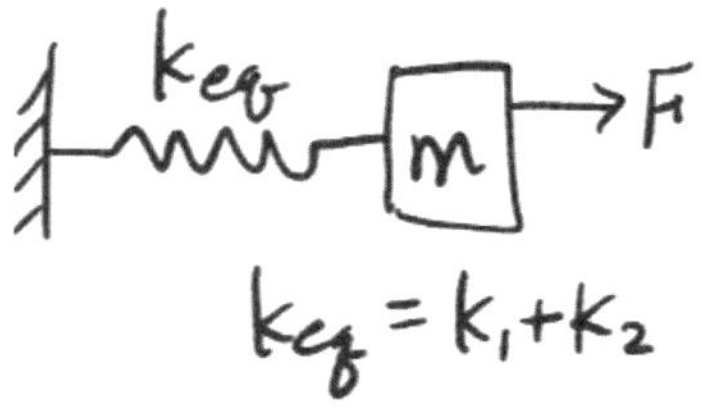

그림 e1.6.3 등가 시스템

예제1.7 그림과 같이 빔 끝에 스프링과 질량이 매달린 시스템의 등가 스프링 상수를 구하여라.

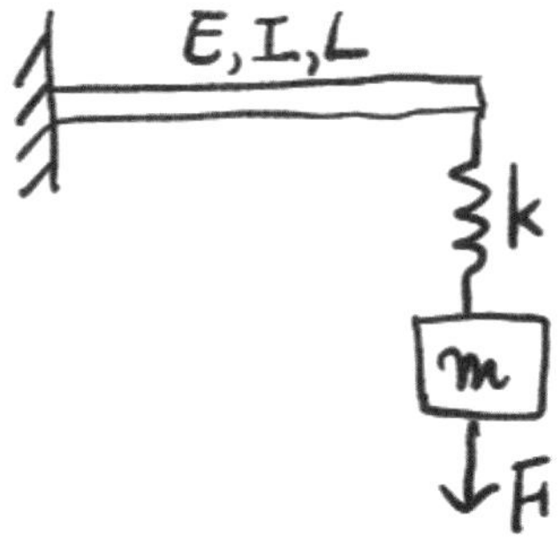

그림 e1.7.1 빔과 스프링으로 구성된 시스템

풀이 질량 m에 아래 방향으로 힘 F를 가해서 질량이 x만큼 내려가서 정지 상태(정적 평형 상태)에 있을 때 내력들을 그림 e1.7.2와 같은 내력을 갖는다.

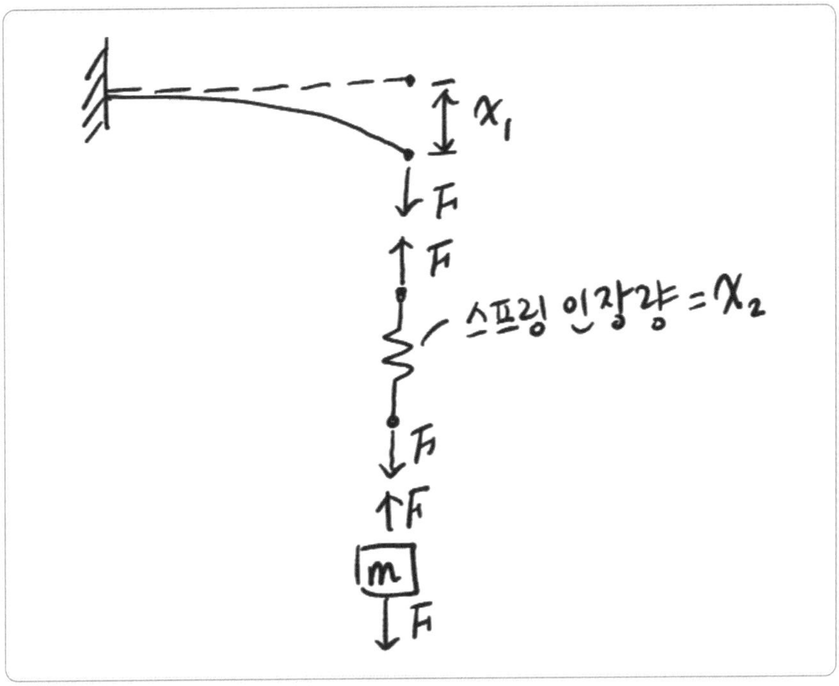

그림 e1.7.2 시스템 내력

그림 e1.7.2에서 질량 변위 x는 빔 끝단의 처짐량 x_1과 스프링의 인장량 x_2의 합과 같기 때문에 다음의 식이 성립한다.

$$x = x_1 + x_2 \tag{e1.7.2}$$

그림 e1.7.2에서 빔 끝단에 작용하는 힘이 F이므로 식(1.4)에 의해 다음의 식이 성립한다.

$$x_1 = \frac{FL^3}{EI} \tag{e1.7.3}$$

그림 e1.7.2에서 스프링에 작용하는 힘 F에 의해 스프링이 x_2만큼 인장되었으므로, 다음의 식이 성립한다.

$$x_2 = \frac{F}{k} \tag{e1.7.4}$$

식(e1.7.3)과 식(e1.7.4)를 식(e1.7.2)에 대입하면 다음의 식이 얻어진다.

$$x = (\frac{L^3}{EI} + \frac{1}{k})F \tag{e1.7.5}$$

위식을 F에 대한 식으로 변경하면,

$$F = \frac{1}{L^3/EI + 1/k}x \tag{e1.7.6}$$

위 식으로부터 등가스프링 상수는 다음과 같음을 알 수 있다.

$$k_{eq} = \frac{1}{L^3/EI + 1/k} \tag{e1.7.7}$$

그림 e1.7.1은 그림 e1.7.3과 같이 등가 시스템으로 단순화 가능하다.

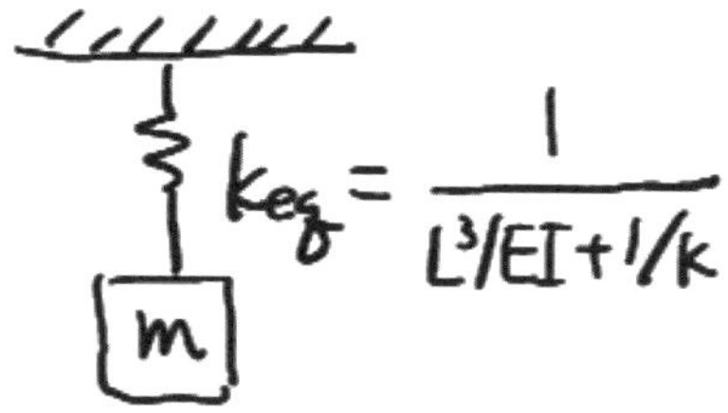

그림 e1.7.3 등가 시스템

예제1.8 그림과 같은 시스템의 등가 스프링 상수를 구하여라.

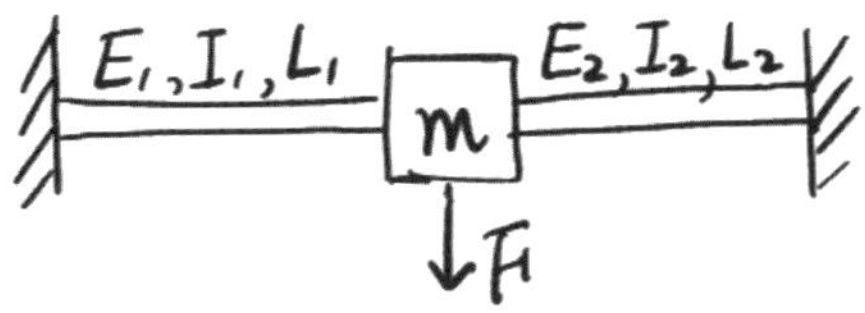

그림 e1.8.1 두 개의 빔으로 연결된 시스템

풀이 질량 m에 아래 방향으로 F를 가하여 x만큼 이동한 상태로 정지 상태에 있을때, 빔에 작용하는 내력들은 그림 e1.8.2와 같다.

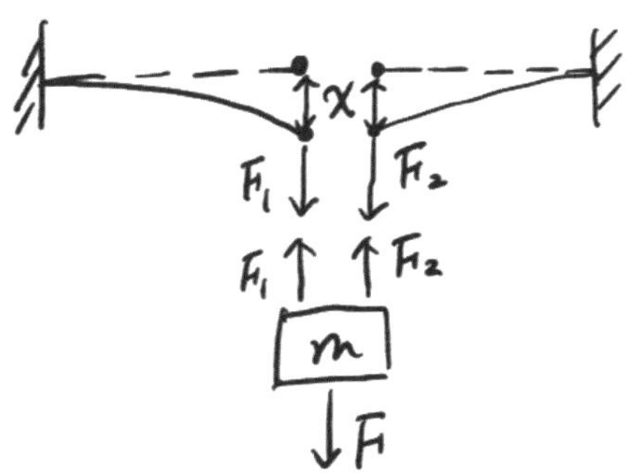

그림 e1.8.2 빔에 작용하는 내력

질량 m이 정지 상태에 있으므로, 다음과 같은 힘 평형식이 성립한다.

$$F = F_1 + F_2 \tag{e1.8.1}$$

왼쪽 빔에 힘 F_1이 작용하여 x만큼 처짐량이 발생하였으므로 식(1.4)에 의해 다음의 식이 성립한다.

$$F_1 = \frac{E_1 I_1}{L_1^3} x \tag{e1.8.2}$$

마찬가지로, 오른쪽 빔에 힘 F_2이 작용하여 왼쪽 빔과 같은 처짐량 x가 발생하였으므로 다음의 식이 성립한다.

$$F_2 = \frac{E_2 I_2}{L_2^3} x \quad \text{(e1.8.3)}$$

식(e1.8.2)와 식(e1.8.3)을 식(e1.8.1)에 대입하고 정리하면,

$$F = \left(\frac{E_1 I_1}{L_1^3} + \frac{E_2 I_2}{L_2^3}\right) x \quad \text{(e1.8.4)}$$

위식으로부터 등가스프링 상수는 그림 e1.8.3과 같이 다음과 같음을 알 수 있다.

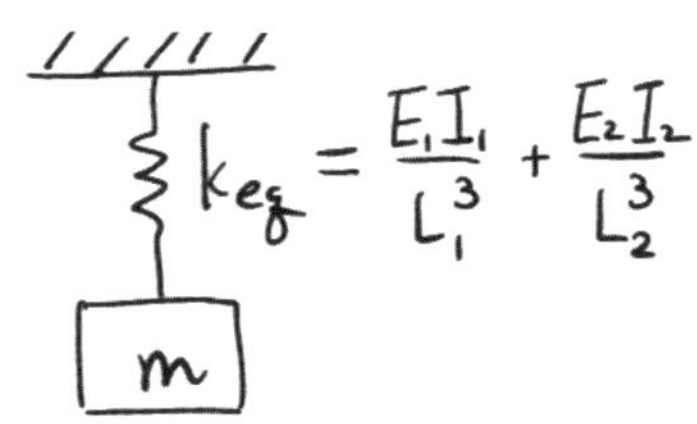

그림 e1.8.3 등가 시스템

예제1.9 그림과 같이 축의 맨 끝에 질량관성모멘트가 J_0인 원판이 부착되어 있다. 물체에 토크 T를 가했을 경우 원판이 θ 만큼 회전하였다. 등가 비틀림 스프링 상수 $(k_t)_{eq}$와 고유진동수를 구하라. (I_0는 축 단면적에 대한 2차 극관성모멘트이다.)

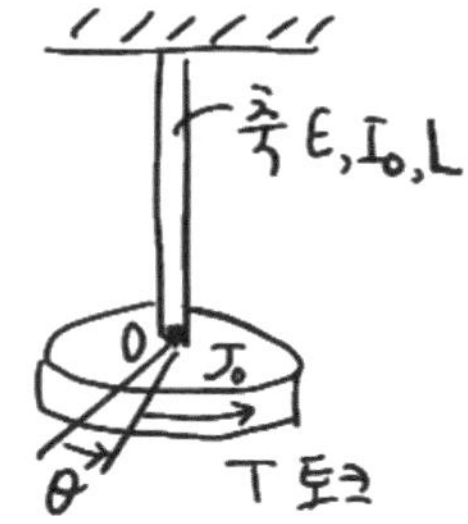

그림 e1.9.1 토크 T 가 가해진 원판

풀이 그림 e1.9.2는 시스템 내력을 보여준다. 여기서 축에 가해진 토크 T에 의해 축의 비틀림 각 θ는 다음의 식을 만족한다(재료역학 참조).

$$T = \frac{EI_0}{L}\theta \tag{e1.9.1}$$

그림 e.1.9.3과 같이 비틀림 스프링 상수가 k_t인 비틀림 스프링에 토크 T를 가하면, 비틀림각 θ는 다음의 식을 만족한다.

$$T = k_t\,\theta \tag{e1.9.2}$$

여기서 k_t는 $T-\theta$ 선도에서 직선의 기울기를 뜻한다.

식(e1.9.2)와 식(e1.9.3)을 비교해보면, 등가 비틀림 스프링 상수는 다음과 같이 구해진다.

$$(k_t)_{eq} = \frac{EI_0}{L} \tag{e1.9.3}$$

고유진동수는 다음과 같다.

$$\omega_n = \sqrt{\frac{(k_t)_{eq}}{J_o}} = \sqrt{\frac{EI_0}{J_0 L}}$$

위식에서 질량 관성모멘트 J_0는 병진운동에서 질량 m에 대응되는 물리량이며, 등가 비틀림 스프링 상수 $(k_t)_{eq}$는 병진운동에서 등가 인장 압축 스프링 상수 k_{eq}에 대응되는 물리량이다. 참고로 병진운동에서 고유진동수는 $\omega_n = \sqrt{k_{eq}/m}$ 임을 이미 학습하였다.

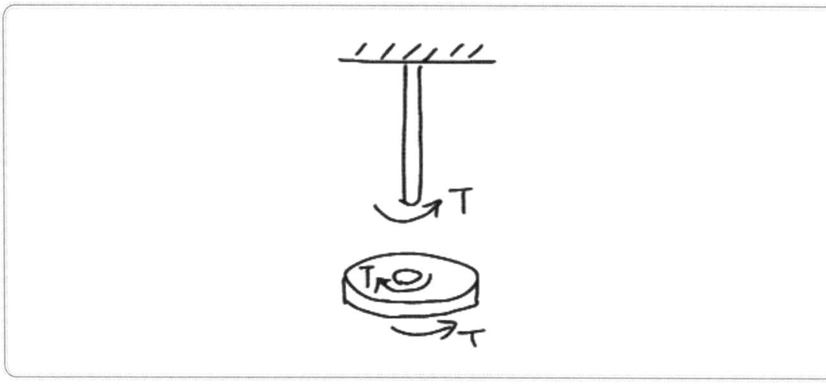

그림 e1.9.2 시스템 내력

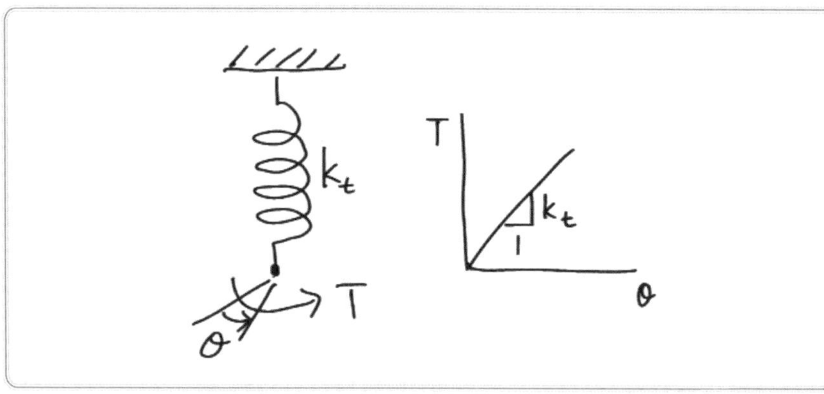

그림 e1.9.3 선형 비틀림 스프링 특성

1.6 물체의 관성 측정

병진 운동(직선 운동)을 하는 물체의 관성 요소는 질량에 해당한다. 그림 1.17a와 같이 물체가 병진운동을 하는 경우 물체의 관성은 질량 m이다. 한편 그림 1.17b와 같이 물체(질량 m, 반경 R인 원판)가 회전운동을 하는 경우 물체의 관성은 질량 관성 모멘트 $J=(1/2)mR^2$이다.

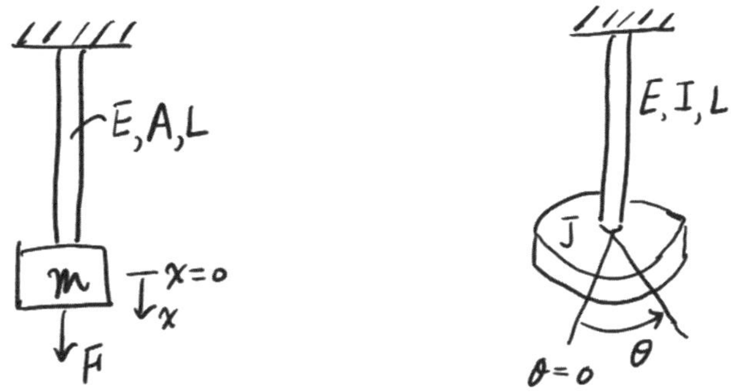

(a) 질량 m (병진운동)　　(b) 질량관성 모멘트 J (회전운동)

그림 1.17 시스템의 관성 요소

질량은 저울을 이용하여 쉽게 측정할 수 있으나, 형상이 복잡한 물체의 질량 관성 모멘트는 실험을 통해 측정해야 한다. 그림 1.18은 Trifilar Suspension을 이용한 질량 관성모멘트 측정 장치이다. 이 장치는 측정 대상물을 세 가닥의 줄로 매단 후 일정 각도만큼 회전시켰을 때의 진동 주기를 측정하는 방법에 의해 질량 관성 모멘트를 계산한다.

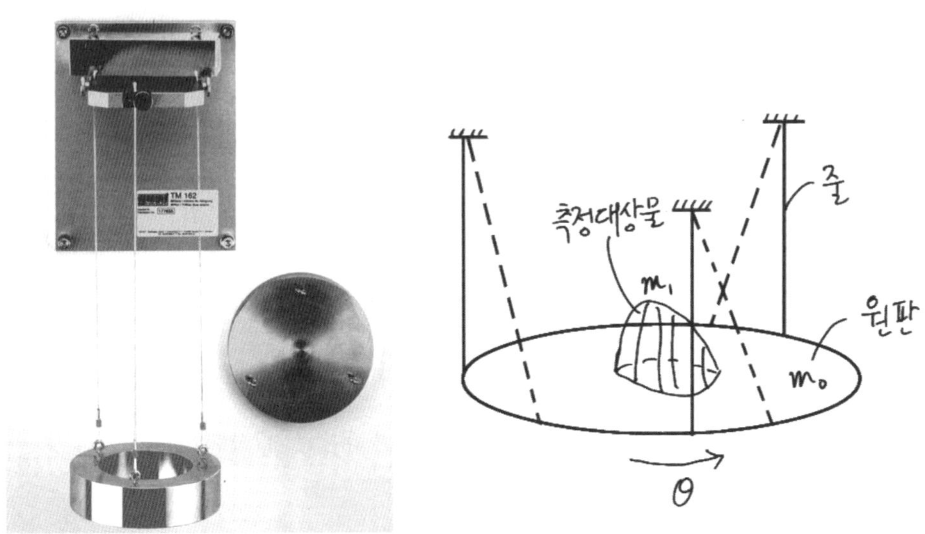

(a) 실체 관성 측정 장치　　(b) 관성 측정 장치 개념도

그림 1.18 질량 관성 모멘트 측정 장치

그림 1.18b과 같이 측정 대상물을 반경이 R인 원판 위에 올려놓는다. 질량이 m_0인 원판의 외각에 120도 간격으로 길이 L인 세 가닥의 줄을 매단다. 이제 원판을 반 시계 방향으로 일정 각도만큼 회전시킨 후 놓으면 원판은 진동을 하게 되는데, 이때 측정된 진동 주기는 측정 대상물의 질량 관성 모멘트와 어떤 관계식이 존재하는데 이 관계식을 구하는 과정이 아래에 기술된다.

먼저, 그림 1.19와 같이 원판의 각 변위를 θ로 놓고 반시계방향을 양의 방향으로 가정한다. 원판이 미소 각변위 θ를 가질 때, 줄이 기운 각도 ϕ와 원판의 각 변위 θ 사이에는 다음의 관계식이 근사적으로 성립한다.

$$L\tan\phi \approx R\theta \tag{1.21}$$

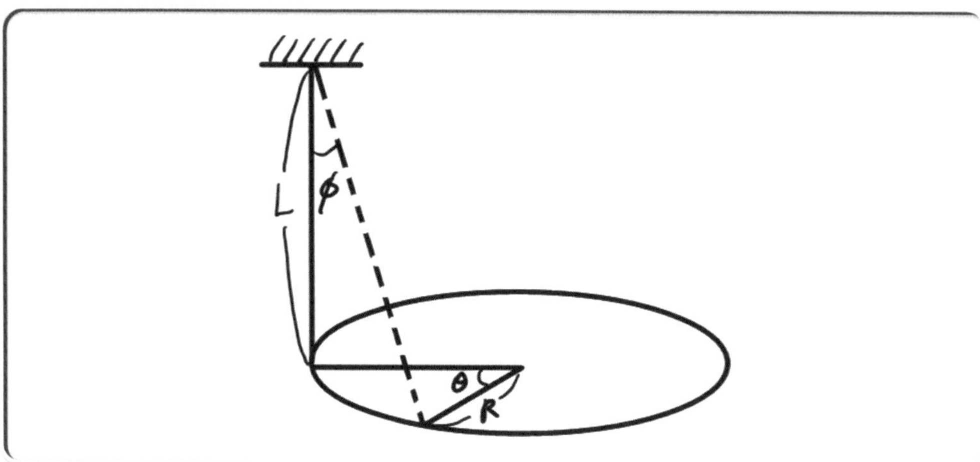

그림 1.19 원판 회전각 θ와 줄이 기운각 ϕ 사이의 관계

이때 줄이 원판을 당기는 장력을 F라고 가정하면, 그림 1.20과 같이 장력은 수직 방향 성분 $F_v = F\cos\phi$와 수평 방향 성분 $F_h = F\sin\phi$으로 분해될 수 있다. 이제 수직 방향으로 정적 평형을 고려하면, 원판과 측정대상물의 자중 합은 장력의 수직방향 성분의 3배와 같다는 다음의 식이 성립한다.

$$(m_0 + m_1)g = 3F_v = 3F\cos\phi \tag{1.22}$$

위 식에서 F를 구하면

$$F=\frac{1}{3\cos\phi}(m_0+m_1)g \tag{1.23}$$

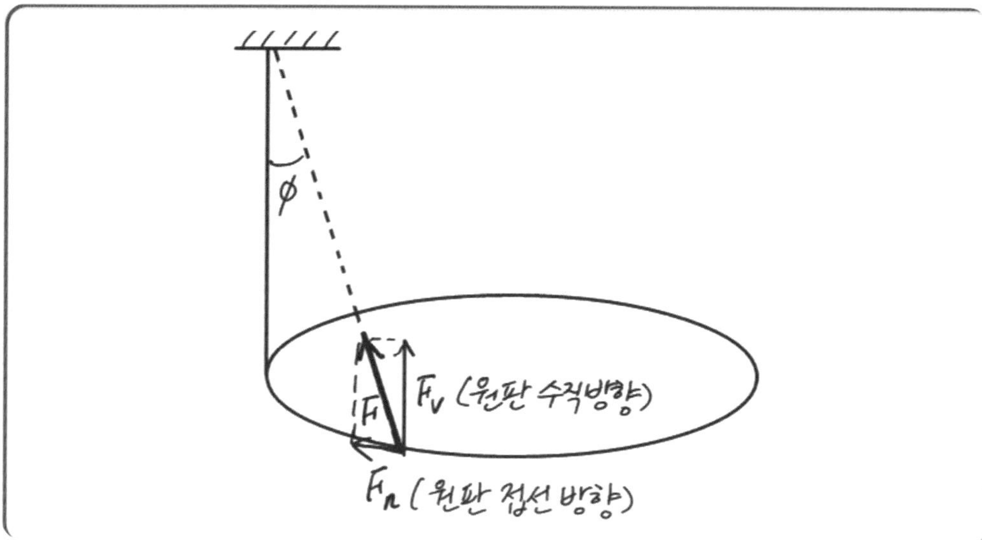

그림 1.20 장력 F의 분력 F_v와 F_n

다음으로 각 변위 θ에 대한 운동방정식을 유도해보자. 어떤 물체에 가한 모멘트의 합의 유효 모멘트(effective moment)와 같다는 뉴턴 2법칙을 식으로 표현하면 다음과 같다.

$$\sum M=J\ddot{\theta} \tag{1.24}$$

여기서 J는 물체(여기선 측정대상물과 원판 모두)의 질량 관성모멘트이다. 원판이 각 변위 θ를 가질 때 원판에 작용하는 외력들은 그림1.21과 같이 장력의 수평 방향 성분 3개이다. 이들 외력에 의해 발생한 모멘트들의 총합이 유효 모멘트 $J\ddot{\theta}$와 같으므로, 식(1.24)는 다음과 같이 된다.

$$-3RF_h=(J_0+J_1)\ddot{\theta} \tag{1.25}$$

여기서 J_0와 J_1은 각각 원판과 측정대상물의 질량 관성모멘트이다. $F_h=F\sin\phi$를

이용하여 식(1.25)을 정리하면

$$(J_0 + J_1)\ddot{\theta} + 3RF\sin\phi = 0 \tag{1.26}$$

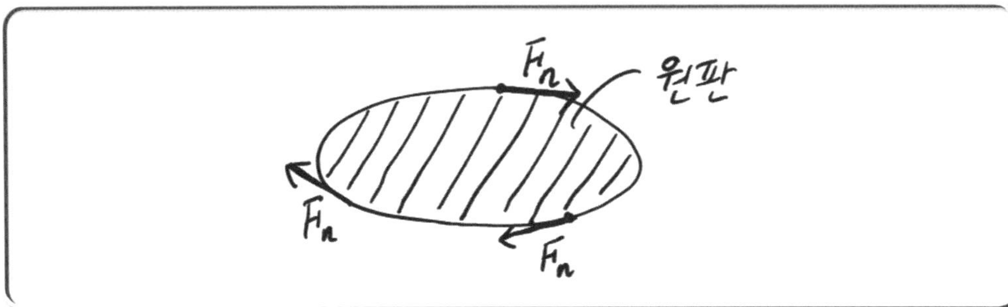

그림1.21 원판에 작용하는 수평 방향 힘 성분

식(1.26)에 식(1.23)에서 구한 F를 대입하면 다음 식을 얻을 수 있다.

$$(J_0 + J_1)\ddot{\theta} + (m_0 + m_1)Rg\tan\phi = 0 \tag{1.27}$$

위식에 식(1.21)을 적용하면, 다음과 같이 θ에 대한 운동방정식이 구해진다.

$$(J_0 + J_1)\ddot{\theta} + (m_0 + m_1)(R^2 g/L)\theta = 0 \tag{1.28}$$

위식으로부터 고유진동수 ω_n은 θ의 계수를 $\ddot{\theta}$의 계수로 나눈 후 제곱근을 취하는 방법에 의해 다음과 같이 구해질 수 있다. 고유진동수에 대한 자세한 정의는 2장에서 다시 설명된다.

$$\omega_n = \sqrt{\frac{(m_0 + m_1)(R^2 g/L)}{J_0 + J_1}} \tag{1.29}$$

고유진동수와 주기의 관계식 $\omega_n = 2\pi/T$을 식(1.29)에 대입한 후 정리하면, 측정대상물의 질량관성모멘트 J_1은 다음과 같이 구해진다.

$$J_1 = \frac{(m_0 + m_1)gR^2 T^2}{4\pi^2 L} - J_0 \tag{1.30}$$

여기서 주기 T는 실험에 의해 측정된다.

예제1.9 길이 1.5m의 줄에 연결된 Trifilar Suspension(그림 1.18)을 이용하여 질량이 12kg인 어떤 기계의 관성 모멘트를 측정하고자 한다. 이 기계를 반지름이 30cm이고 질량이 2.4kg인 원판 위에 올려 놓고, 원판을 10도 만큼 회전한 후 놓았더니, 10초 동안 14번 진동(14사이클)하였다. 이 기계의 질량 관성 모멘트를 식(1.30)을 이용하여 계산하라.

풀이 먼저 주기 T를 계산하자. 10초 동안 14번 진동(14사이클 운동)하였으므로, 1 사이클 소요 시간인 주기는 $T = 1.4$초이다. 원판의 질량 관성모멘트는 다음과 같이 계산된다.

$$J_0 = \frac{1}{2}(2.4)(0.3)^2 = 0.108\,\text{kg}\cdot\text{m}^2$$

위에서 구한 T와 J_0를 식(1.41)에 대입하면 다음과 같이 기계의 질량 관성 모멘트는 $0.313\text{kg}\cdot\text{m}^2$로 계산된다.

$$J_1 = \frac{(2.4+12)\times 9.81\times 0.3^2\times 1.4^2}{4\pi^2\times 1.5} - 0.108 = 0.313\,\text{kg}\cdot\text{m}^2$$

1장 연습문제

01 주위에서 볼 수 있는 자유 진동과 강제 진동의 예를 들어보자.

02 그림과 같이 어떤 사람이 낚시를 하고 있다. 낚시 바늘에 걸린 질량 m인 물고기의 진동을 해석할 수 있는 2자유도 진동계를 모델링하라.

03 그림과 같이 체중이 45kg인 아낙네가 그네를 타고 있다. 아낙네의 운동을 해석할 수 있는 2자유도 진동계를 모델링하라.

04 윈드서핑을 하는 여자의 운동을 적당한 자유도의 진동계로 모델링하라.

05 질량 200kg의 모터가 가벼운 수평보 위에 고정되어 있다. 수평보의 정적 처짐량이 5mm일 때 등가 스프링 상수와 고유진동수를 구하여라.

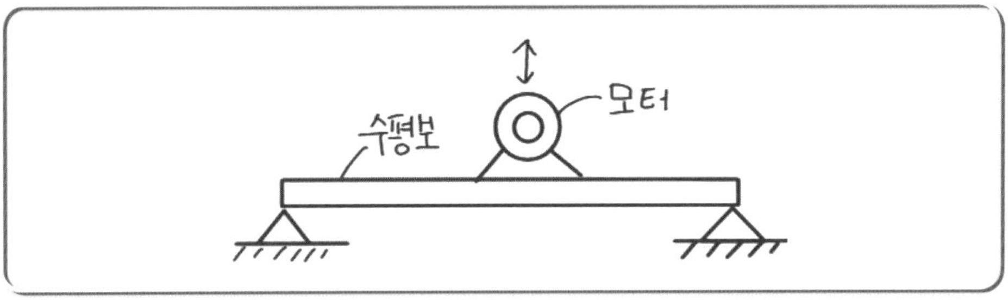

06 어떤 조화운동의 진폭이 0.2cm, 주기가 0.15초일 때, 이 운동의 최대속도와 최대 가속도를 구하여라.

07 질점의 최대 가속도가 30m/s2이고 진동수는 분당 120사이클이다. 조화운동으로 가정했을 때 질점의 진폭과 최대 속도를 구하여라.

08 조화 운동의 진동수가 10Hz, 진폭이 2mm이다. 속도와 가속도의 최대값을 구하여라.

09 다음 시스템의 등가 스프링 상수와 고유진동수를 구하라.

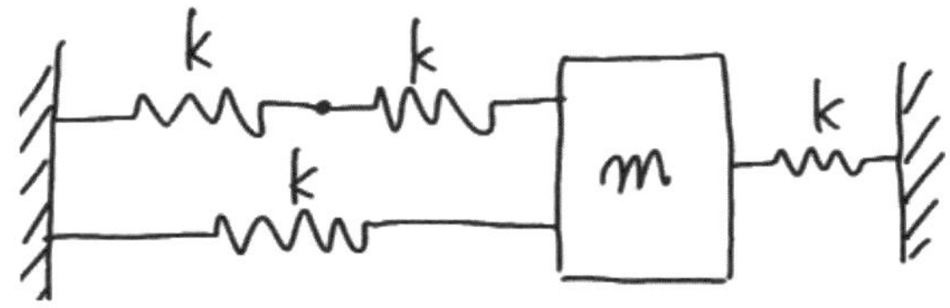

10 다음 시스템의 등가 스프링 상수와 고유진동수를 구하라.

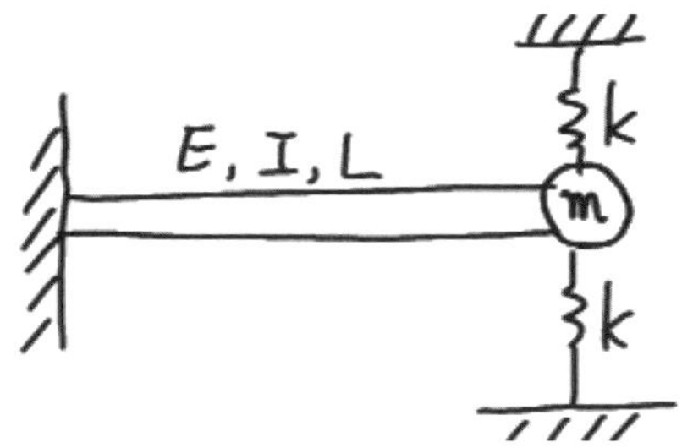

11 그림과 같이 직경이 다른 두 축이 일렬로 연결되어 있고 맨 끝에 회전에 대한 질량 관성모멘트가 J인 원판이 부착되어 있다. 비틀림 진동에 대한 등가 스프링 상수와 고유진동수를 구하라. (단, k_1과 k_2는 축의 비틀림 스프링 상수이다.)

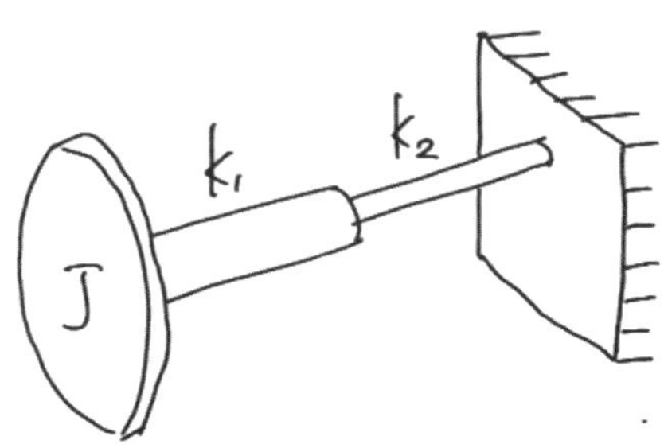

PART 02

1자유도 시스템의 자유 진동

학부 기계 진동학

PART 02 1자유도 시스템의 자유 진동

2.1 자유도 시스템의 운동방정식

그림 2.1은 외력 $f(t)$가 작용하고 있는 질량, 스프링, 감쇠기로 구성된 1자유도 시스템을 보여준다. 이 시스템에 대한 운동방정식은 뉴턴 2법칙을 고려하는 방법에 의해 구해질 수 있다.

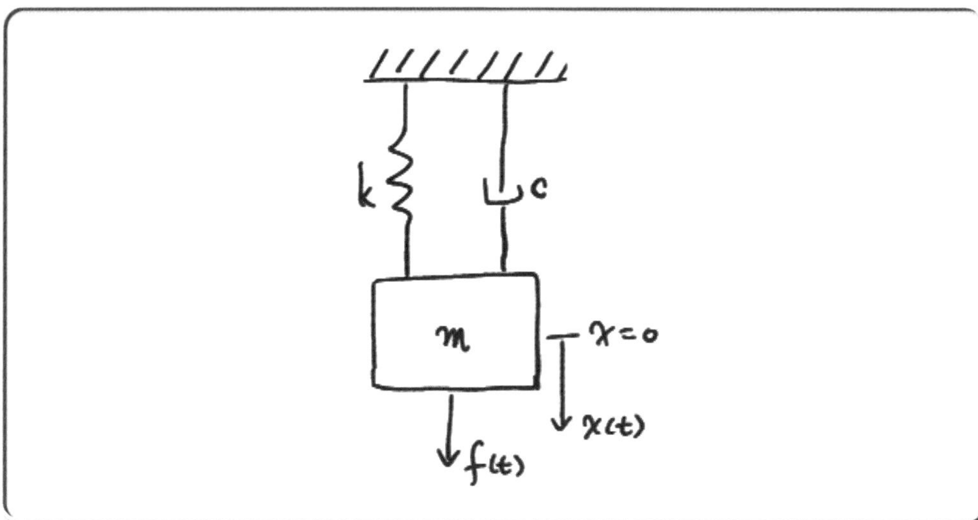

그림 2.1 1자유도 시스템

먼저 질량 m의 변위 $x(t)$를 표현하기 위해 그림 2.2의 첫번째 그림과 같이 자유상태(변형이 0인 상태) 길이가 L인 스프링에 질량을 매달았을 때 스프링이 δ_{st} 만큼 인장되어 정지 상태가 되는 정적 평형 위치를 변위의 원점($x=0$)으로 설정한다. 이 경우 그림 2.2의 두번째 그림에서 스프링을 당기는 힘은 자중 mg이므로 스프링의 정적 처짐량 δ_{st}은 1장의 식(1.2)에 의해 다음의 식을 만족한다.

$$mg = k\delta_{st} \tag{2.1}$$

정적 평형 위치로부터 질량의 변위가 x일 때 질량에 가해지는 힘들은 그림 2.2의 세 번째 그림과 같이 나타내어진다. 여기서 스프링력은 스프링상수와 스프링의 인장량(=질량 변위)의 곱이므로 $k(\delta_{st}+x)$이고, 감쇠기의 감쇠력(질량 이동 방향에 반대로 작용하는 힘)은 감쇠계수와 감쇠기를 당기는 속도(=질량 속도)의 곱이므로 $c\dot{x}$이다. 뉴턴 법칙 $\sum F = ma$에 의해 세 번째 그림에 표시된 네 가지 힘들의 합력은 네 번째 그림과 같이 질량과 가속도의 곱인 유효력 $m\ddot{x}$로 표현될 수 있다.

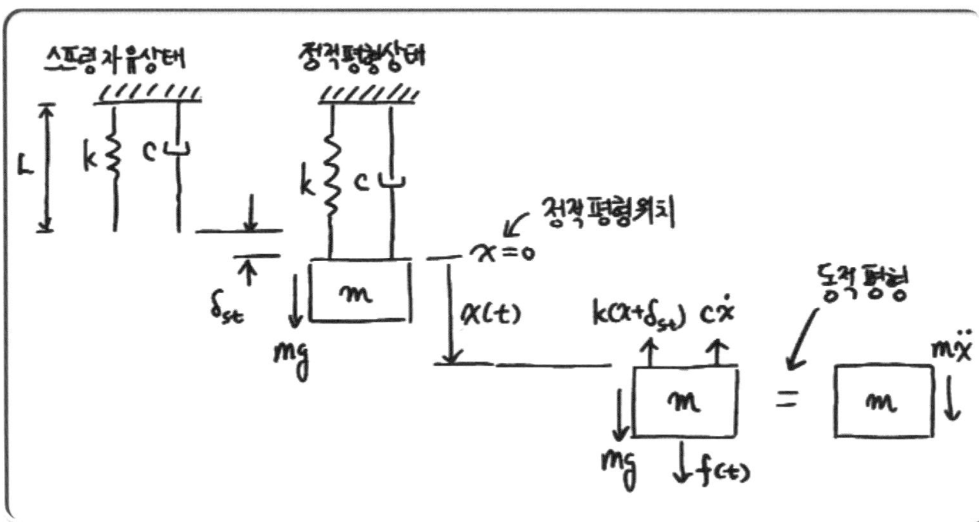

그림 2.2 뉴턴 2법칙 $\sum F = ma$적용 과정

그림 2.2에서 [세 번째 그림 = 네 번째 그림]을 $\sum F = ma$을 이용하여 수식으로 적으면 다음과 같다.

$$\underbrace{-k(x+\delta_{st})-c\dot{x}+mg+f(t)}_{\sum F}=\underbrace{m\ddot{x}}_{ma} \tag{2.2}$$

여기서 스프링력과 감쇠력은 변위의 양의 방향과 반대이므로 (−)부호를 가진다. 식 (2.2)에서 괄호를 풀면 다음과 같이 된다.

$$-kx-k\delta_{st}-c\dot{x}+mg+f(t)=m\ddot{x} \tag{2.3}$$

식(2.1)에서 구한 $\delta_{st}=mg/k$를 식(2.3)에 대입하면 다음과 같이 된다.

$$-kx-k(\frac{mg}{k})-c\dot{x}+mg+f(t)=m\ddot{x} \tag{2.4}$$

식(2.4)에서 두 번째 항과 네 번째 항은 서로 소거되므로, 최종적으로 운동방정식은 다음과 같이 구해진다.

$$m\ddot{x}+c\dot{x}+kx=f(t) \tag{2.5}$$

그림 2.1의 시스템에서 질량은 수직 방향으로 진동하므로 중력 mg가 그림 2.2에서 고려되었지만, 최종 운동방정식에는 중력의 영향이 나타나지 않음을 확인할 수 있다. 왜냐하면 질량이 운동하는 동안 중력 mg는 스프링력 $k\delta_{st}$와 크기는 같고 방향이 반대라서 서로 상쇄되기 때문이다.

예제2.1 **다음의 1자유도 시스템에 대한 운동방정식을 구하여라.**

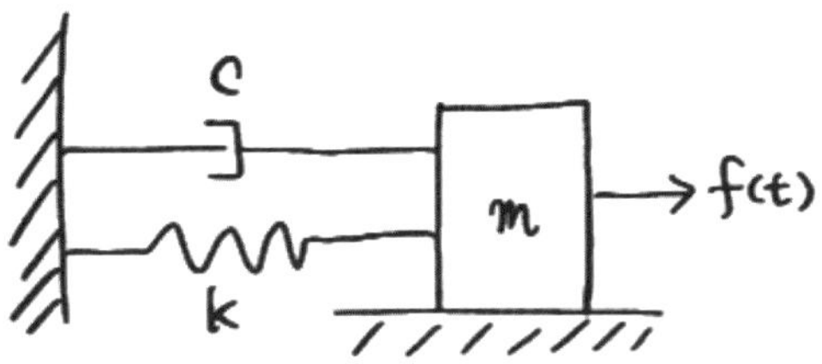

그림 e2.1.1 질량이 수평 운동하는 1자유도 시스템

풀이 그림 e2.1.1의 시스템은 그림 2.1과는 달리 중력의 방향과 질량의 운동 방향이 서로 수직이어서, 운동방정식 유도과정에서 중력의 영향이 고려되지 않는다. 스프링이 변형이 없는 위치를 변위 x가 0인 지점으로 그림 e2.1.2와 같이 정한다.

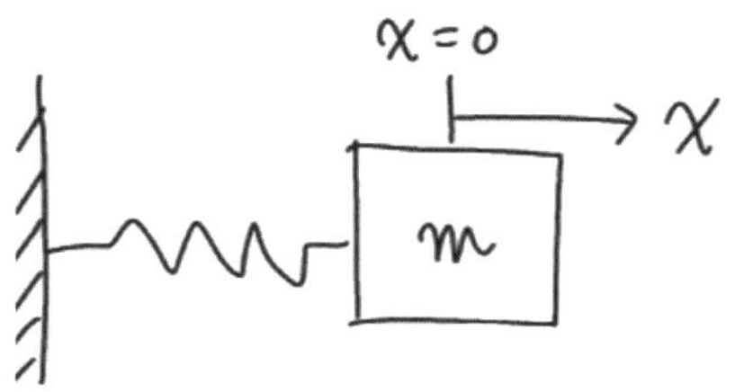

그림 e2.1.2 변위 좌표 설정

질량이 진동 중에 있을 때, 변위 x 위치에서 질량에 대한 자유 물체도를 그리면 그림 e2.1.3과 같다.

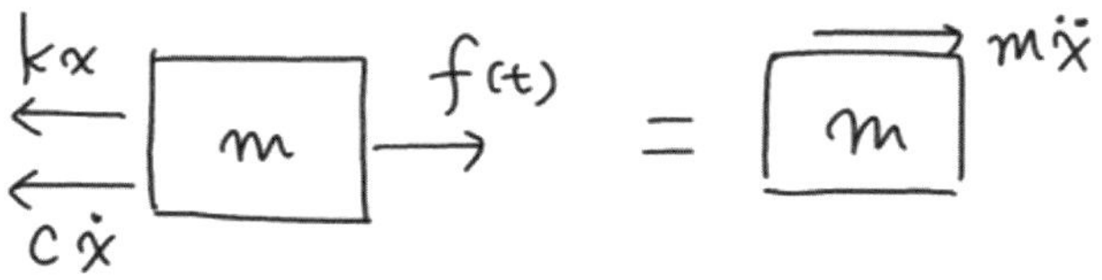

그림 e2.1.3 자유 물체도

그림 e2.1.3의 자유물체도에 뉴턴 2법칙을 적용하면 다음의 식을 얻을 수 있다.

$$-c\dot{x}-kx+f(t)=m\ddot{x}$$

위식을 정리하면 다음과 같이 식(2.5)와 같은 형태의 운동방정식이 구해진다.

$$m\ddot{x}+c\dot{x}+kx=f(t)$$

예제2.2 질량 m이 질량을 무시할 수 있는 막대 끝에 부착되어 O점에 대해 회전 운동하는 다음의 1자유도 시스템에 대한 운동방정식을 구하여라. (단, 미소 진동으로 가정하라.)

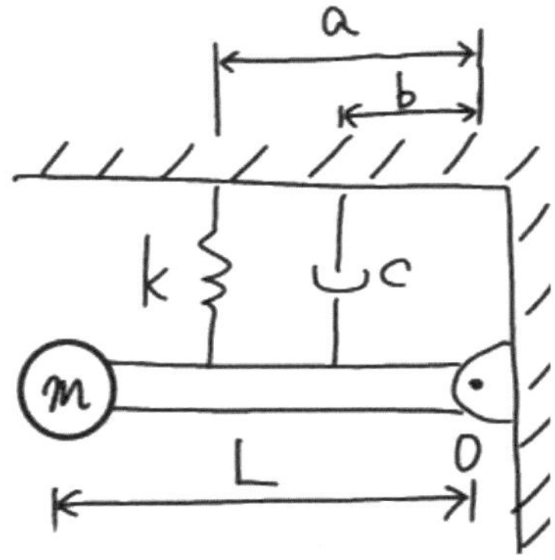

그림 e2.2.1 자동차 브레이크 페달 모델(정적 평형 상태)

풀이 그림 e2.2.1은 정적평형상태이므로, 그림 e2.2.2와 같이 스프링 k는 자중mg에 의해 δ_{st} 만큼 인장된 상태로 가정한다. 질량이 정적 평형 위치에 있을 때를 각변위 θ의 원점으로 그림 e2.2.3과 같이 가정한다.

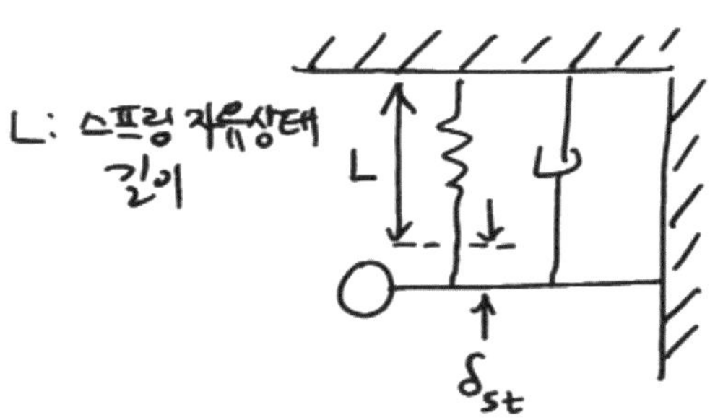

그림 e2.2.2 정적 평형 상태

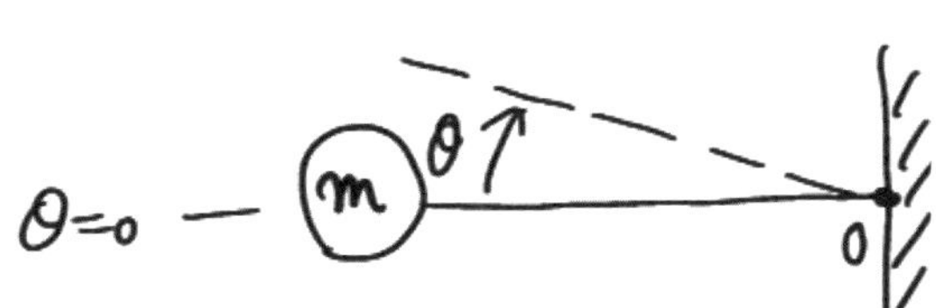

그림 e2.2.3 각변위 좌표 θ 설정

질량이 진동 중에 있을 때, 각변위 θ 위치에서 질량에 대한 자유 물체도를 그리면 그림 e2.2.4와 같다.

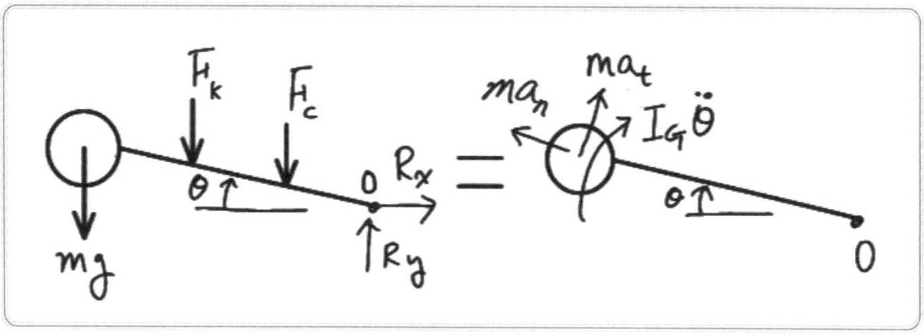

그림 e2.2.4 자유 물체도

그림 e2.2.4의 자유물체도에 점 O에 대한 회전 운동을 기술하기 위한 뉴턴 2법칙 $\sum M_o = I_o\alpha$을 적용하면 다음의 식을 얻을 수 있다.

$$-mg(L\cos\theta)-F_k(a\cos\theta)-F_c(b\cos\theta)=I_G\ddot{\theta}+ma_t(L) \tag{e2.2.1}$$

위식에서 질량이 질점이므로 $I_G=0$이며, 접선 가속도 $a_t=L\ddot{\theta}$이다.
식(e2.2.1)에서 스프링력 F_k와 감쇠력 F_c는 그림 e2.2.5에 의해 다음과 같이 구해진다.

$$F_k = k(a\sin\theta-\delta_{st}) \tag{e2.2.2}$$

$$F_c = c\frac{d}{dt}(b\sin\theta) \tag{e2.2.3}$$

식(e2.2.2)에서 $a\sin\theta-\delta_{st}$는 스프링 압축량을 뜻하며, 식(e2.2.3)에서 미분항 $d(b\sin\theta)/dt$는 감쇠기 아래 끝단의 변위 $b\sin\theta$를 미분하여 속도를 구한 것이다.

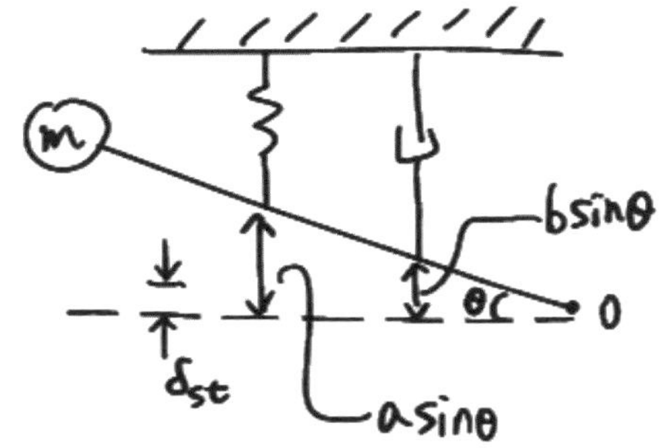

그림e2.2.5 스프링 압축량과 감쇠기 아래 끝단 변위

식(e2.2.3)에서 δ_{st}는 정적 평형 위치에서의 스프링 인장량을 뜻하며, 정적평형 상태에서는 점 O에 대한 모멘트 평형식 $\sum M_o = 0$이 성립한다. 이 모멘트 평형식을 고려하기 위하여 정적평형 상태에 대한 자유물체도를 그리면 그림 e2.2.6과 같다. 그림 e2.2.6에 $\sum M_o = 0$을 고려하면 다음의 식을 얻을 수 있다.

$$-mgL + k\delta_{st}a = 0 \tag{e2.2.4}$$

식(e2.2.1~3)에 미소 진동 근사 조건인 $\sin\theta \approx \theta$와 $\cos\theta \approx 1$을 적용하면 각각 다음과 같이 간단히 된다.

$$-mgL\cos\theta - F_k a - F_c b = mL^2\ddot{\theta} \tag{e2.2.5}$$

$$F_k = ka\theta - k\delta_{st} \tag{e2.2.6}$$

$$F_c = cb\dot{\theta} \tag{e2.2.7}$$

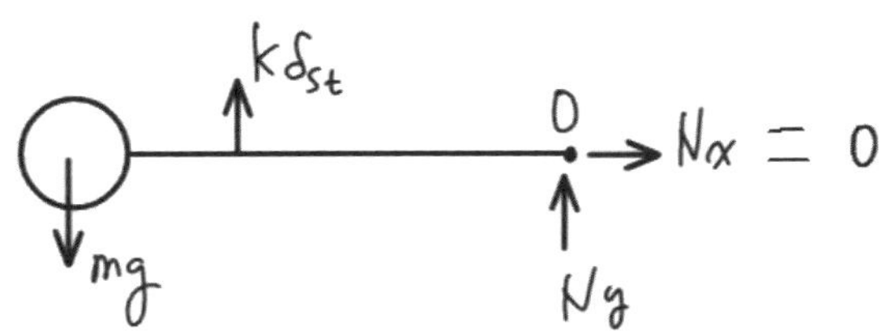

그림 e2.2.6 정적 평형 상태

식(e2.2.6)과 식(e2.2.7)를 식(e2.2.5)에 대입하면,

$$-mgL - ka^2\theta + ak\delta_{st} - cb^2\dot{\theta} = mL^2\ddot{\theta} \tag{e2.2.8}$$

식(e2.2.4)를 고려하면 식(e2.2.8)의 첫 번째 항과 세 번째 항이 소거되게 된다. 그래서 식(e2.2.8)로 부터 최종 운동방정식은 다음과 같이 구해진다.

$$mL^2\ddot{\theta} + cb^2\dot{\theta} + ka^2\theta = 0 \tag{e2.2.9}$$

위식에서 중력 관련항은 나타나지 않음을 알 수 있다.

2.2 비감쇠 1자유도 시스템의 자유진동

그림 2.3과 같이 $c=0$인 비감쇠 시스템에 외력이 작용하지 않는 경우($f(t)=0$), 질량 m을 오른쪽으로 x_0 만큼 당겼다가 놓으면, 질량은 진동수 ω_n으로 진동을 하게 되는데 이 경우의 운동을 자유진동이라고 부른다. 그리고 진동수 ω_n을 고유진동수(natural frequency)로 부르며 식(2.6)에 의해 구해진다.

$$\omega_n = \sqrt{\frac{k}{m}} \ \text{[rad/s]} \tag{2.6}$$

여기서 진동수의 단위가 [rad/s]인 것은 식(2.9)에서 설명된다. 고유진동수는 질량의 초기 위치 $x(0)=x_0$와 초기 속도 $\dot{x}(0)=v_0$에 무관하게 시스템의 질량과 강성에 의해 결정되는 시스템 고유한 특성이다.

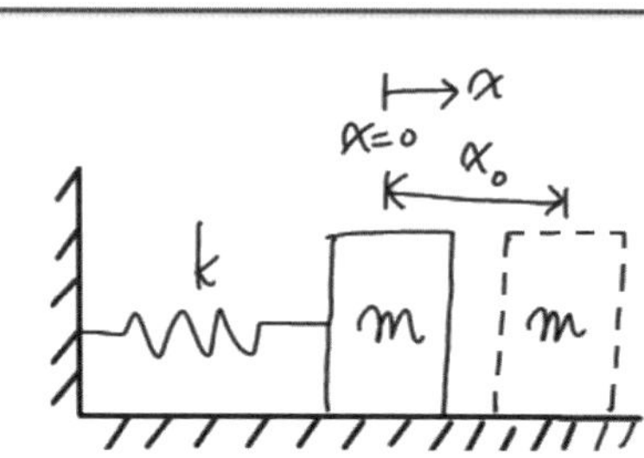

그림 2.3 비감쇠 1자유도 시스템

비감쇠 자유 진동(undamped free vibration)에 대한 운동 방정식은 식(2.5)로부터 다음과 같이 구해진다.

$$m\ddot{x}+kx=0 \tag{2.7 15}$$

식(2.7)의 양변을 질량 m으로 나누면 다음의 식이 된다.

$$\ddot{x}+\omega_n^2 x=0, \omega_n = \sqrt{k/m} \tag{2.8}$$

여기서 $\omega_n = \sqrt{k/m}$. 식(2.8)과 같이 일차 미분항 $\dot{x}$이 없는 이차 미분방정식의 해는 식(2.9)과 같으며, 그림 2.4과 같이 그려진다.

$$x(t)=A\sin(\omega_n t+\phi) \tag{2.9}$$

여기서 A는 진폭(amplitude)이며 ϕ는 위상(phase)이라하며, 미지수 A와 ϕ는 질량의 초기 위치 $x(0)$와 초기 속도 $\dot{x}(0)$에 의해 결정된다. 식(2.9)에서 $\omega_n t$의 단위가 [rad]이므로 고유진동수 ω_n의 단위가 [rad/s]임을 알 수 있다.

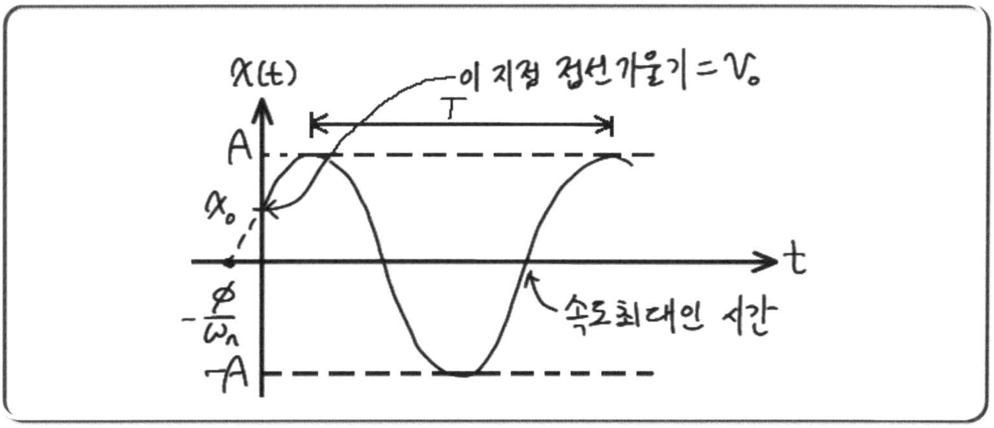

그림 2.4 변위 응답 곡선

시스템의 변위 응답이 그림 2.4와 같이 사인 또는 코사인 함수의 형태로 나타나는 운동을 조화운동(harmonic motion)이라고 말한다. 조화운동도 주기운동의 한 형태이므로 일정한 운동 양상이 반복된다. 이때 반복되는 운동 양상을 사이클(cycle)이라고 하며, 1 사이클 소요 시간이 주기이다. 주기를 구하기 위해서 그림 2.5에서 변위 응답이 0을 만족하는 시간 t_m을 먼저 구한다. 그림 2.5에 표시된 시간 t_m은 다음의 식을 만족한다.

$$A\sin(\omega_n t_m + \phi) = 0,\ m\text{:자연수} \tag{2.10}$$

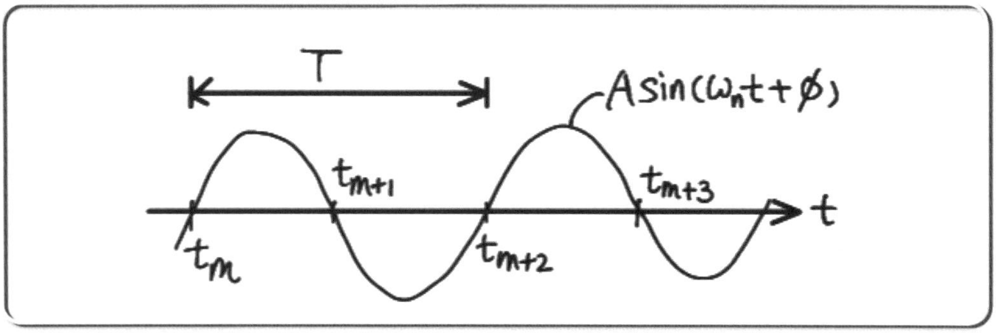

그림 2.5 변위 응답이 0이 되는 시간

식(2.10)은 식(2.11)을 만족해야 하므로, t_m은 식(2.12)와 같이 구해진다.

$$\omega_n t_m + \phi = m\pi \tag{2.11}$$

$$t_m = \frac{m\pi - \phi}{\omega_n} \tag{2.12}$$

그림 2.5에서 주기 T는 $t_{m+2} - t_m$임을 알 수 있다. 결과적으로 주기는 다음과 같이 구해진다.

$$T = t_{m+1} - t_m = \frac{(m+2)\pi - \phi}{\omega_n} - \frac{m\pi - \phi}{\omega_n} = \frac{2\pi}{\omega_n} \tag{2.13}$$

진동수의 단위로 식(2.9)에서와 같이 [rad/s]를 사용하지만, 진동수는 1초당 발생하는 사이클 수를 의미하므로 단위 [cycle/s]도 사용한다. 단위 [rad/s]를 사용하면 진동수는 ω_n으로 표시하고, 단위 [cycle/s]를 사용하면 진동수는 f_n으로 표시한다. 그림 2.4와 같은 조화운동의 경우 1[cycle]은 2π[rad]이므로, 다음의 식이 성립한다.

$$f_n[\text{cycle/s}] = f_n[2\pi\text{rad/s}] = 2\pi f_n[\text{rad/s}] = \omega_n[\text{rad/s}] \tag{2.14}$$

식(2.14)의 세 번째와 네 번째 식으로부터 ω_n와 f_n의 관계식을 다음과 같이 구할 수 있다.

$$\omega_n = 2\pi f_n \tag{2.15}$$

식(2.15)를 식(2.13)에 대입하면, 다음과 같이 주기 T는 고유진동수 f_n의 역수임을 알 수 있다.

$$T = \frac{1}{f_n} \tag{2.16}$$

마지막으로, f_n의 단위 [cycle/s]는 간단히 [Hz]로도 사용된다.

예제2.3 질량이 10kg, 스프링상수가 1000N/m, 초기 위치가 $x(0)=2$cm, 초기 속도가 $\dot{x}(0)=40$cm/s인 경우, 식(2.9)를 이용하여 변위 응답을 구하고 그래프로 그려라. 그리고 변위의 최대값, 속도의 최대값, 가속도의 최대값도 구하여라.

풀이 식(2.6)에 의해 고유진동수는

$$\omega_n = \sqrt{\frac{1000}{10}} = 10\text{[rad/s]} \tag{e2.3.1}$$

식(e2.3.1)의 고유진동수를 변위 응답 식(2.9)에 대입하면 다음과 같이 된다.

$$x(t) = A\sin(10t+\phi) \tag{e2.3.2}$$

초기 위치 조건 $x(0)=2$을 식(e2.3.2)에 적용하면,

$$A\sin(\phi) = 2 \tag{e2.3.3}$$

식(e2.3.2)을 미분하면 다음과 같이 속도 응답을 구할 수 있다.

$$\dot{x}(t) = 10A\cos(10t+\phi) \tag{e2.3.4}$$

식(e2.3.4)에 초기 속도 조건 $\dot{x}(0)=40$을 적용하면,

$$10A\cos(\phi) = 40 \tag{e2.3.5}$$

삼각함수 제곱 공식 $\sin^2\phi + \cos^2\phi = 1$을 이용하기 위해 식(e2.3.3)과 식(e2.3.5)는 다음과 같이 각각 재작성 한다.

$$\sin(\phi) = \frac{2}{A}, \ \cos(\phi) = \frac{4}{A} \tag{e2.3.6~7}$$

식(e2.3.6~7)을 $\sin^2\phi + \cos^2\phi = 1$에 대입하면,

$$A = 2\sqrt{5}$$

식(e2.3.3)을 식(e2.3.5)로 나누면,

$$\frac{A\sin\phi}{10A\cos\phi} = \frac{2}{40} \tag{e2.3.8}$$

위식을 간단히 하면

$$\tan\phi = 0.5 \tag{e2.3.9}$$

식(e2.3.9)에서 $\phi = 26.6°$ 이므로, 최종 운동방정식은

$$x(t) = 2\sqrt{5}\sin(10t + 26.6°) \tag{e2.3.10}$$

식(e2.3.10)을 이용하여 변위 응답 그래프를 그리면 그림 e2.3.1과 같다.

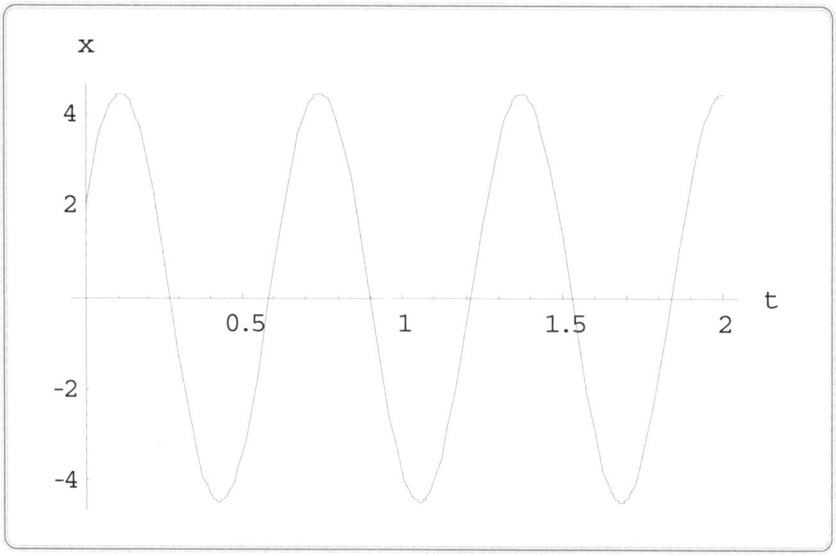

그림 e2.3.1 변위 응답 곡선

변위 식(e2.3.11)을 미분하면 속도를 다음과 같이 구할 수 있다.

$$\dot{x}(t) = 10\sqrt{5}\cos(10t + 26.6^\circ) \quad \text{(e2.3.11)}$$

식(e2.3.11)에서 속도 최대값은 $v_{\max} = 10\sqrt{5}\,\text{cm/s}$이다. 식(e2.3.11)을 미분하면 가속도를 다음과 같이 구할 수 있다.

$$\ddot{x}(t) = -100\sqrt{5}\sin(10t + 26.6^\circ) \quad \text{(e2.3.12)}$$

식(e2.3.12)에서 가속도 최대값은 $a_{\max} = 100\sqrt{5}\,\text{cm/s}^2$이다. 실제 산업 현장에서는 가속도의 크기는 중력 가속도 $g = 9.81\text{m/s}^2$의 몇 배인지를 확인하므로 최대 가속도는 다음과 같이도 나타낸다.

$$a_{\max} = 100\sqrt{5}\,\text{cm/s2} = \sqrt{5}\,\text{m/s2} == \frac{\sqrt{5}}{9.81} = 0.23[G]$$

참고로 초기조건이 $x(0) = x_0$, $\dot{x}(0) = v_0$로 주어진 경우에 대해 변위 응답을 구하는 다른 방법에 대해 고찰해보자. 식(2.9)는 다음과 같이 적을 수도 있다.

$$x(t) = A_1\cos\omega_n t + A_2\sin\omega_n t \quad \text{(e2.3.13)}$$

위식을 $x(0) = x_0$에 대입하면 다음을 얻을 수 있다.

$$A_1 = x_0 \quad \text{(e2.3.14)}$$

식(e2.3.13)을 미분한 후 $\dot{x}(0) = v_0$에 대입하면 다음을 얻을 수 있다.

$$A_2 = \frac{v_0}{\omega_n} \quad \text{(e2.3.15)}$$

식(e2.3.14)과 식(e2.3.15)를 식(e2.3.13)에 대입하면, 최종 변위 응답이 다음과 같이 구해진다.

$$x(t) = x_0\cos\omega_n t + \frac{v_0}{\omega_n}\sin\omega_n t \quad \text{(e2.3.16)}$$

예제2.4 그림 e2.4.1과 같은 단진자 시스템의 운동방정식을 구하여라 (단, 진폭은 매우 작다고 가정). 그리고 단진자를 θ_0 위치에서 정지 상태에서 놓았을 때 고유 진동수, 각 변위 응답 $\theta(t)$를 구하여라.

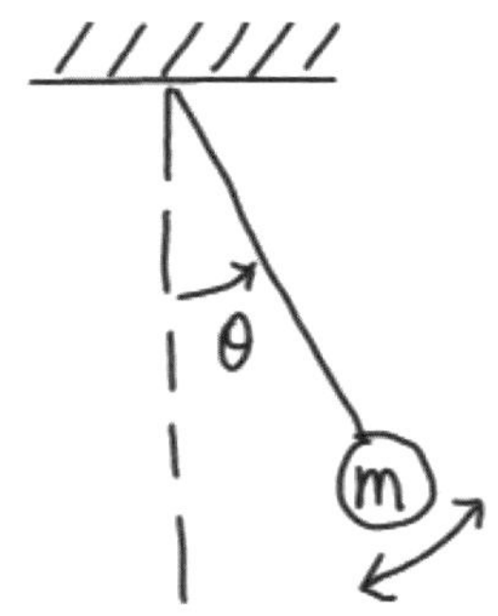

그림 e2.4.1 단진자 진동

풀이 1자유도 단진자 시스템의 운동을 기술하기 위해선 하나의 좌표 θ가 필요하다. 질량 m을 가진 진자가 θ만큼 회전한 위치에서 자유물체도는 그림 e2.4.2와 같다.

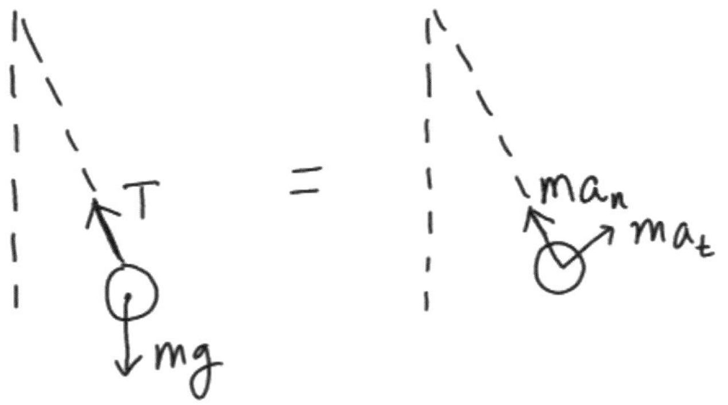

그림 e2.4.2 자유물체도

진자 운동 궤적의 접선 방향에 대해 $\sum F = ma$을 적용하면,

$$-mg\sin\theta = ma_t \tag{e2.4.1}$$

여기서 접선 방향 가속도 a_t는 다음과 같이 회전반경과 각가속도의 곱에 해당된다.

$$a_t = L\ddot{\theta} \tag{e2.4.2}$$

식(e2.4.2)를 식(e2.4.1)에 대입하고 정리하면 다음과 같이 운동 미분 방정식이 구해진다.

$$\ddot{\theta} + \frac{g}{L}\sin\theta = 0 \tag{e2.4.3}$$

식(e2.4.3)에서 단진자의 질량은 운동 방정식에 포함되지 않음을 알 수 있다. 식(e2.4.3)은 비선형 미분방정식이기 때문에 해석적 해(analytical solution)를 구할 수가 없다. 그래서 단진자의 진폭이 매우 작다고 가정하여 $\sin\theta \approx \theta$을 식(e2.4.3)에 적용하면 운동방정식은 다음과 같이 선형 미분방정식이 된다.

$$\ddot{\theta} + \frac{g}{L}\theta = 0 \tag{e2.4.4}$$

식(e2.4.4)를 식(2.8)과 비교하면, 시스템의 고유진동수는 식(e2.4.5)이고 변위 응답은 식(e2.4.6)과 같음을 알 수 있다.

$$\omega_n = \sqrt{\frac{g}{L}} \tag{e2.4.5}$$

$$\theta(t) = A\sin(\sqrt{g/L}\,t + \phi) \tag{e2.4.6}$$

식(e2.4.6)을 미분하면,

$$\dot{\theta}(t) = \sqrt{g/L}\,A\cos(\sqrt{g/L}\,t + \phi) \tag{e2.4.7}$$

초기 조건 $\theta(0) = \theta_0$와 $\dot{\theta}(0) = 0$을 각각 식(e2.4.6~7)에 적용하면, 각각 다음의 식을 얻을 수 있다.

$$A\sin(\phi) = \theta_0, \quad \sqrt{g/L}\,A\cos(\phi) = 0 \tag{e2.4.8~9}$$

식(e2.4.9)에서 $\phi = \pi/2$이므로, 식(e2.4.8)에서 $A = \theta_0$임을 알 수 있다. 각 변위 응답은

$$\theta(t) = \theta_0\sin(\sqrt{g/L}\,t + \pi/2) \tag{e2.4.10}$$

2.3 감쇠 1자유도 시스템의 자유진동

식(2.5)에 외력 $f(t)=0$을 대입하면, 감쇠 자유 진동 시스템의 운동 방정식은 다음과 같이 구해진다.

$$m\ddot{x}+c\dot{x}+kx=0 \tag{2.17}$$

위 식의 해를 구하기 위해 양변을 m으로 나누면,

$$\ddot{x}+\frac{c}{m}\dot{x}+\omega_n^2 x=0 \tag{2.18}$$

위 식에서 c/m은 다음과 같이 다시 작성한다.

$$\frac{c}{m}=2\frac{c}{2\sqrt{mk}}\sqrt{\frac{k}{m}}=2\frac{c}{c_c}\omega_n=2\zeta\omega_n \tag{2.19}$$

여기서 $c_c=2\sqrt{mk}$는 임계 감쇠계수(critical damping coefficient)로 정의되며, 이 계수는 감쇠계수 c와 동일한 단위 [N·s/m] 또는 [kg/s]를 갖는다. 그리고 $\zeta=c/c_c$는 감쇠비(damping ratio)로 정의된다. 식(2.19)를 식(2.18)에 대입하면

$$\ddot{x}+2\zeta\omega_n\dot{x}+\omega_n^2 x=0 \tag{2.20}$$

위 식의 해를 $x(t)=ae^{\lambda t}$로 가정하여 식(2.20)에 대입하면,

$$m\lambda^2 ae^{\lambda t}+c\lambda ae^{\lambda t}+kae^{\lambda t}=0 \tag{2.21}$$

위 식에서 $ae^{\lambda t}$을 소거하면 다음과 같은 특성방정식(characteristic equation)이 구해진다.

$$\lambda^2+2\zeta\omega_n\lambda+\omega_n^2=0 \tag{2.22}$$

근의 공식을 이용해서 특성방정식의 근을 구하면,

$$\lambda_{1,2}=-\zeta\omega_n\pm\omega_n\sqrt{\zeta^2-1} \tag{2.23}$$

위식에서 감쇠비 ζ의 크기에 따라 근 $\lambda_{1,2}$는 서로 다른 두 실근, 중근, 허근을 가짐을 알 수 있다. $\zeta>1$, $\zeta=1$, $\zeta<1$인 세 가지 경우에 대해 다른 형태의 해가 구해지는 과정이 아래에 기술된다.

(1) $\zeta=1$인 임계 감쇠 시스템

$\zeta=1$은 $c=2\sqrt{mk}$인 경우를 의미하며, 이 조건을 만족하는 시스템을 임계 감쇠 시스템(critically damped system)이라고 한다. 예를 들어 $m=10$kg, $k=1000$ N/m, $c=200$[kg/s]로 구성된 1자유도 시스템이 임계 감쇠 시스템에 해당된다. 왜냐하면, 감쇠비가 다음과 같이 1이 되기 때문이다.

$$\zeta=\frac{200}{2\sqrt{(10)(1000)}}=1 \tag{2.24}$$

$\zeta=1$인 경우 식(2.23)은 중근 $\lambda_1=\lambda_2=-\omega_n$을 가진다. 이 경우 식(2.20)의 일반해는 다음과 같다.

$$x(t)=a_1e^{-\omega_n t}+a_2te^{-\omega_n t} \tag{2.25}$$

위 식에 초기 조건 $x(0)=x_0$, $\dot{x}(0)=v_0$을 적용하면, 미지수 a_1과 a_2가 다음과 같이 구해진다.

$$a_1=x_0,\ \ a_2=v_0+\omega_n x_0 \tag{2.26~7}$$

위에서 구한 미지수들을 식(2.25)에 대입하면 변위 응답이 다음과 같이 구해진다.

$$x(t)=[x_0+(v_0+\omega_n x_0)t]e^{-\omega_n t} \tag{2.28}$$

예제2.5 **$m=2$kg, $k=8$N/m, $c=8$kg/s로 구성된 1자유도 시스템에서 초기 위치가 2cm, 초기 속도가 8cm/s인 경우 변위 응답 곡선을 그려라.**

풀이 먼저 감쇠비를 계산하면

$$\zeta=\frac{8}{2\sqrt{(2)(8)}}=1 \tag{e2.5.1}$$

고유진동수를 계산하면

$$\omega_n = \sqrt{8/2} = 2\text{rad/s} \quad \text{(e2.5.2)}$$

임계 감쇠시스템이므로 변위 응답은 식(2.28)과 같으므로, 고유진동수와 초기조건을 식(2.28)에 대입하면,

$$x(t) = (2+12t)e^{-2t} \quad \text{(e2.5.3)}$$

식(e2.5.3)을 그래프로 그리면 그림e2.5.1과 같다. 변위 응답 곡선에서 시간 $t=0$일 때 위치가 2cm인 것을 확인할 수 있으며, 초기 속도 8cm/s는 $t=0$에서의 접선의 기울기를 의미한다.

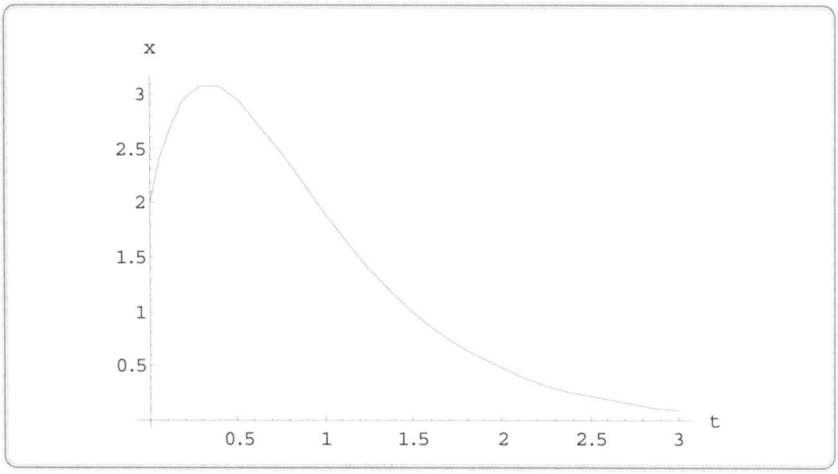

그림 e2.5.1 임계 감쇠시스템의 변위 응답 곡선(초기위치 2cm, 초기속도 8cm/s)

예제2.6 **위의 예제에서 초기 속도가 0cm/s와 −5cm인 두 경우에 대해 변위 응답 곡선을 각각 그려라.**

풀이 초기 속도가 0cm일 경우 변위 응답은 식(2.28)에 의해 다음과 같이 구해진다.

$$x(t) = (2+4t)e^{-2t} \quad \text{(e2.6.1)}$$

초기 속도가 0이므로 그림 e2.6.1의 변위 응답 곡선에서 $t=0$에서의 접선의 기울기가 0임을 알 수 있다.

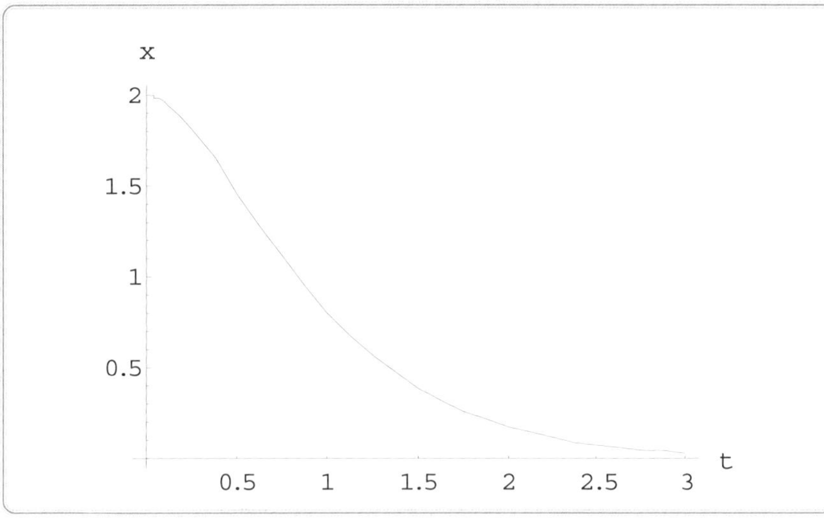

그림 e2.6.1 임계 감쇠시스템의 변위 응답 곡선(초기위치 2cm, 초기속도 0cm/s)

초기 속도가 -8cm/s인 경우 변위 응답은 식(2.28)에 의해 다음과 같이 구해진다.

$$x(t)=(2-4t)e^{-2t} \tag{e2.6.2}$$

초기 속도가 -8cm/s이므로 그림e2.6.2의 변위 응답 곡선에서 $t=0$에서의 접선의 기울기가 -8임을 알 수 있으며, 시간 0.5초일 때 변위 응답이 0이 됨을 알 수 있다. 한편, 초기 속도가 음수인 경우, 변위가 0이 되는 시간 $t_0=0.5$은 식(2.28)을 0으로 놓으면 다음과 같이 구해진다.

$$t_0=-\frac{x_0}{v_0+\omega_n x_0} \tag{e2.6.3}$$

위식에서 t_0은 양수이어야 하므로, 분자가 $x_0>0$인 경우에는 분모가 $v_0+\omega_n x_0<0$이어야 한다. 결과적으로 $x_0>0$인 경우 반드시 v_0는 $v_0<-\omega_n x_0$을 만족하는 음수이어야 한다. 반대로 $x_0<0$인 경우 반드시 v_0는 $v_0>-\omega_n x_0$을 만족하는 양수이어야 한다.

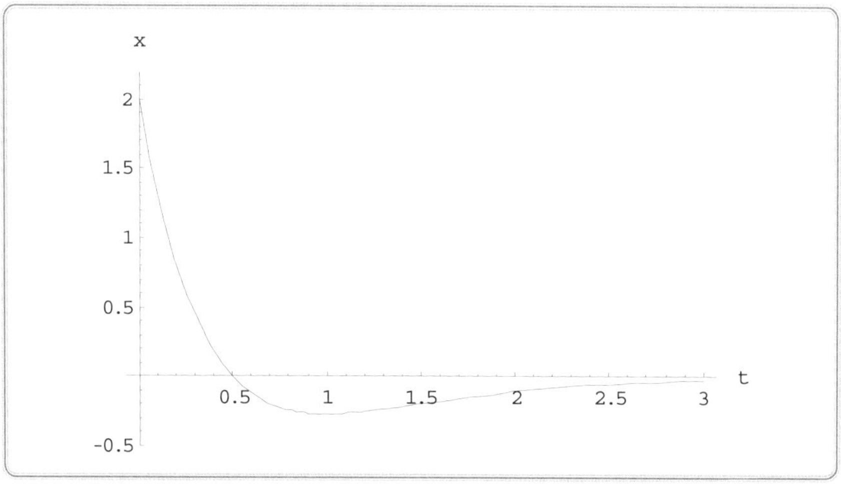

그림e2.6.2 임계 감쇠시스템의 변위 응답 곡선(초기위치 2cm, 초기속도 -8cm/s)

(2) $\zeta > 1$인 과 감쇠 시스템

$\zeta > 1$은 $c > 2\sqrt{mk}$ 인 경우를 의미하며, 이 조건을 만족하는 시스템을 과 감쇠 시스템(over-damped system)이라고 한다. $\zeta > 1$인 경우 식(2.23)은 서로 다른 실근 λ_1과 λ_2가 된다. 이 경우 식(2.20)의 일반해는 다음과 같다.

$$x(t) = a_1 e^{\lambda_1 t} + a_2 e^{\lambda_2 t} \tag{2.29}$$

예를 들어 $m = 10\text{kg}$, $k = 1000\text{N/m}$, $c = 300[\text{kg/s}]$로 구성된 1자유도 시스템이 임계 감쇠 시스템에 해당된다. 왜냐하면, 감쇠비가 다음과 같이 1보다 크기 때문이다.

$$\zeta = \frac{300}{2\sqrt{(10)(1000)}} = 1.5 \tag{2.30}$$

그리고 식(2.23)의 특성 방정식의 근은 서로 다른 두 실근으로 다음과 같이 구해진다.

$$\lambda_{1,2} = -(1.5)(10) \pm 10\sqrt{1.5^2 - 1} = -3.82, -26.18$$

변위 응답 곡선은 다음과 같이 된다.

$$x(t) = a_1 e^{-3.82t} + a_2 e^{-26.18t} \tag{2.31}$$

위 식에 초기 조건을 적용하면 미지수 a_1과 a_2가 구해질 수 있다.

예제2.7 $m = 2$kg, $k = 8$N/m, $c = 10$[kg/s]로 구성된 1자유도 시스템에서 초기 위치가 2cm, 초기 속도가 8cm/s인 경우 변위 응답 곡선을 그려라.

풀이 먼저 감쇠비를 계산하면

$$\zeta = \frac{12}{2\sqrt{(2)(8)}} = 1.25 \tag{e2.7.1}$$

고유진동수를 계산하면

$$\omega_n = \sqrt{8/2} = 2\text{rad/s} \tag{e2.7.2}$$

특성 방정식은 근은

$$\lambda_{1,2} = -(1.25)(2) \pm 2\sqrt{1.25^2 - 1} = -1, -4$$

변위 응답은

$$x(t) = a_1 e^{-t} + a_2 e^{-4t} \tag{e2.7.3}$$

초기 위치 조건을 식(e2.7.3)에 적용하면

$$x(0) = a_1 + a_2 = 2 \tag{e2.7.4}$$

식(e2.7.3)을 미분하여 속도를 구하면

$$\dot{x}(t) = -a_1 e^{-t} - 4a_2 e^{-4t} \tag{e2.7.5}$$

초기 속도 조건을 식(e2.7.5)에 적용하면

$$\dot{x}(0) = -a_1 - 4a_2 = 8 \tag{e2.7.6}$$

식(e2.7.4)와 식(e2.7.6)을 연립하면

$$a_1 = 16/3,\ a_2 = -10/3$$

최종 변위 응답 식은 다음과 같이 구해진다.

$$x(t) = \frac{16}{3}e^{-t} - \frac{10}{3}e^{-4t} \tag{e2.7.7}$$

식(e2.7.7)을 그래프로 그리면 그림e2.7.1과 같다. 이 곡선은 동일한 고유진동수와 초기 조건을 가지는 앞의 임계 감쇠 시스템의 변위 응답 곡선과 개형이 비슷하다는 것을 알 수 있다.

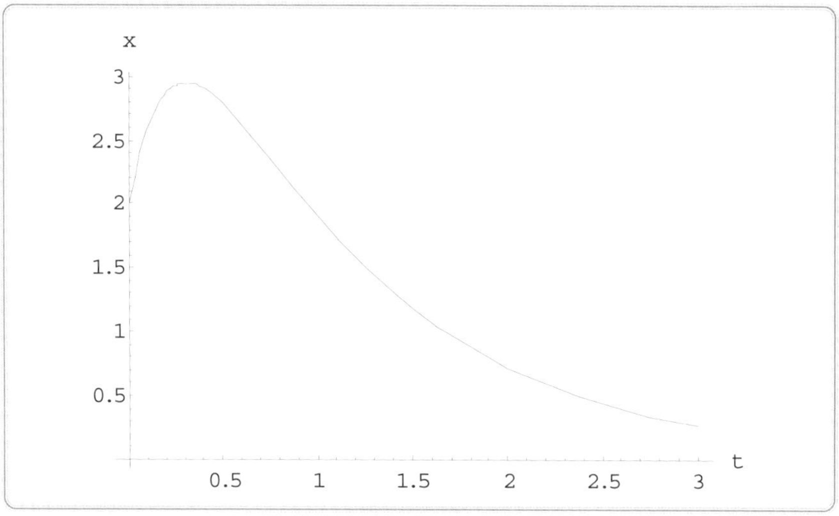

그림e2.7.1 과 감쇠시스템의 변위 응답 곡선(초기위치 2cm, 초기속도 8cm/s)

예제2.8 위의 예제에서 초기 속도가 0cm/s인 경우에 대해 변위 응답 곡선을 그리고, 같은 초기조건을 가지는 앞의 임계 감쇠 시스템인 경우와 변위 응답 곡선을 비교하라.

풀이 초기 조건 $x(0) = 2$와 $\dot{x}(0) = 0$을 고려하면

$$x(0) = a_1 + a_2 = 2, \ \dot{x}(0) = -a_1 - 4a_2 = 0 \quad \text{(e2.8.1~2)}$$

위의 두 식을 연립하면

$$a_1 = 8/3, \ a_2 = -2/3$$

최종 변위 응답 식은 다음과 같이 구해진다.

$$x(t) = \frac{8}{3}e^{-t} - \frac{2}{3}e^{-4t} \quad \text{(e2.8.3)}$$

위의 변위 응답 식을 그리면 그림 e2.8.1의 실선과 같다. 그림 e2.8.1에서 점선은 같은 고유진동수와 초기 조건을 가진 임계 감쇠시스템에 대한 변위 응답 곡선을 보여준다. 두 곡선을 비교해보면, $\zeta = 1$인 경우(임계 감쇠)에 변위 응답이 0으로 수렴이 빨리 됨을 알 수 있다. 아파트 현관문에는 그림e2.8.2와 같은 스프링-감쇠기로 구성된 도어 클로저가 설치되어 있는데, 감쇠기의 감쇠계수를 조절하여 임계 감쇠 시스템으로 되도록 해주어야 문이 닫히는 시간을 최소로 줄일 수 있다.

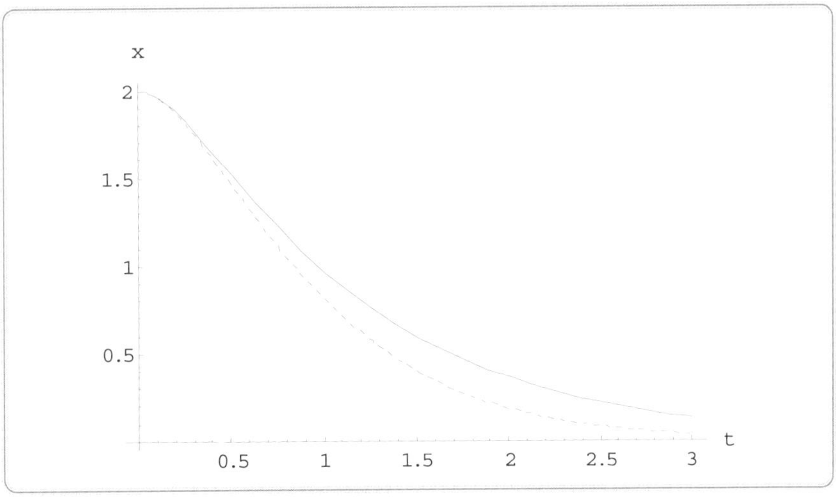

그림e2.8.1 과 감쇠시스템과 임계 감쇠시스템(점선)의 변위 응답 곡선(초기위치 2cm, 초기속도 0cm/s)

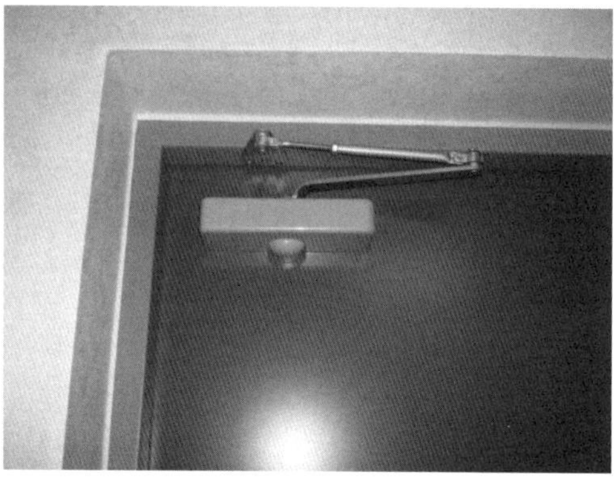

그림e2.8.2 임계 감쇠 시스템을 응용한 도어 클로저

(3) $\zeta<1$인 부족 감쇠 시스템

$\zeta<1$은 $c<2\sqrt{mk}$ 인 경우를 의미하며, 이 조건을 만족하는 시스템을 부족 감쇠 시스템(under-damped system)이라고 한다. $\zeta<1$인 경우 식(2.23)은 다음과 같이 서로 다른 두 허근으로 나타낼 수 있다.

$$\lambda_{1,2}=-\zeta\omega_n\pm j\omega_n\sqrt{1-\zeta^2}=-\zeta\omega_n\pm j\omega_d \qquad (2.32)$$

여기서 $\omega_d=\omega_n\sqrt{1-\zeta^2}$ 는 감쇠 고유진동수(damped natural frequency)로 정의된다. $\zeta<1$인 경우 식(2.20)의 일반해는 다음과 같다.

$$x(t)=a_1e^{\lambda_1 t}+a_2e^{\lambda_2 t}=e^{-\zeta\omega_n t}(a_1e^{j\omega_d t}+a_2e^{-j\omega_d t}) \qquad (2.33)$$

식(2.33)에서 다음 식이 성립하므로

$$a_1e^{j\omega_d t}+a_2e^{-j\omega_d t}=Asin(\omega_d t+\phi) \qquad (2.34)$$

식(2.34)는 다음과 같이 변형될 수 있다.

$$x(t)=Ae^{-\zeta\omega_n t}\sin(\omega_d t+\phi) \qquad (2.35)$$

식(2.35)로부터, 부족 감쇠 시스템의 변위 응답은 진폭이 점점 줄어드는 사인파 함수의 형태를 가짐을 알 수 있다. 식(2.35)에서 부족 감쇠시스템의 진동 주기 T_d는 다음과 같이 구해진다.

$$T_d = 2\pi/\omega_d \tag{2.36}$$

예를 들어 $m = 10\text{kg}$, $k = 1000\text{N/m}$, $c = 150[\text{kg/s}]$로 구성된 1자유도 시스템이 부족 감쇠 시스템에 해당된다. 왜냐하면, 감쇠비가 다음과 같이 1보다 작기 때문이다.

$$\zeta = \frac{150}{2\sqrt{(10)(1000)}} = 0.75$$

예제2.9 **$m = 2$kg, $k = 8$N/m, $c = 1$[kg/s]로 구성된 1자유도 시스템에서 초기 위치가 2cm, 초기 속도가 8cm/s인 경우 변위 응답 곡선을 그려라.**

풀이 먼저 감쇠비를 계산하면

$$\zeta = \frac{1}{2\sqrt{(2)(8)}} = 0.125 \tag{e2.9.1}$$

고유진동수를 계산하면

$$\omega_n = \sqrt{8/2} = 2\text{rad/s} \tag{e2.9.2}$$

특성 방정식은 근은

$$\lambda_{1,2} = -(0.125)(2) \pm j2\sqrt{1-0.125^2} = -0.25 \pm j1.98$$

변위 응답은

$$x(t) = a_1 e^{(-0.25+j1.98)t} + a_2 e^{(-0.25-j1.98)t} = e^{-0.25t}(a_1 e^{j1.98t} + a_2 e^{-j1.98t}) \tag{e2.9.3}$$

위식을 변형하면

$$x(t) = Ae^{-0.25t}\sin(1.98t + \phi) \tag{e2.9.4}$$

초기 위치 조건을 식(e2.9.4)에 적용하면

$$x(0) = A\sin\phi = 2 \tag{e2.9.5}$$

식(e2.9.3)을 미분하여 속도를 구하면

$$\dot{x}(t) = -0.25Ae^{-0.25t}\sin(1.98t+\phi) + Ae^{-0.25t}(1.98)\cos(1.98t+\phi) \quad \text{(e2.9.6)}$$

초기 속도 조건을 식(e2.9.6)에 적용하면

$$\dot{x}(0) = -0.25A\sin\phi + 1.98A\cos\phi = 8 \quad \text{(e2.9.7)}$$

식(e2.9.5)를 식(e2.9.7)에 대입하면

$$A\cos\phi = 4.29 \quad \text{(e2.9.8)}$$

식(e2.9.5)와 식(e2.9.8)을 제곱한 후 더한 후 $\sin^2\phi + \cos^2\phi = 1$을 적용하면 $A = 4.73$을 얻을 수 있고, 이 값을 식(e2.9.8)에 적용하면 $\phi = 24.9^\circ = 0.435$ rad이 된다. 식(e2.9.4)로부터 최종 변위 응답은 다음과 같다.

$$x(t) = 4.73e^{-0.25t}\sin(1.98t + 0.435) \quad \text{(e2.9.9)}$$

식(e2.9.9)를 그래프로 그리면 그림 e2.9.1의 실선과 같다. 그리고 실선을 감싸고 있는 엔벌로프 함수(envelope function)는 $4.73e^{-0.25t}$와 $-4.73e^{-0.25t}$이다. 그리고 주기는 $T_d = 2\pi/w_d = 2\pi/1.98 = 3.17$초이다.

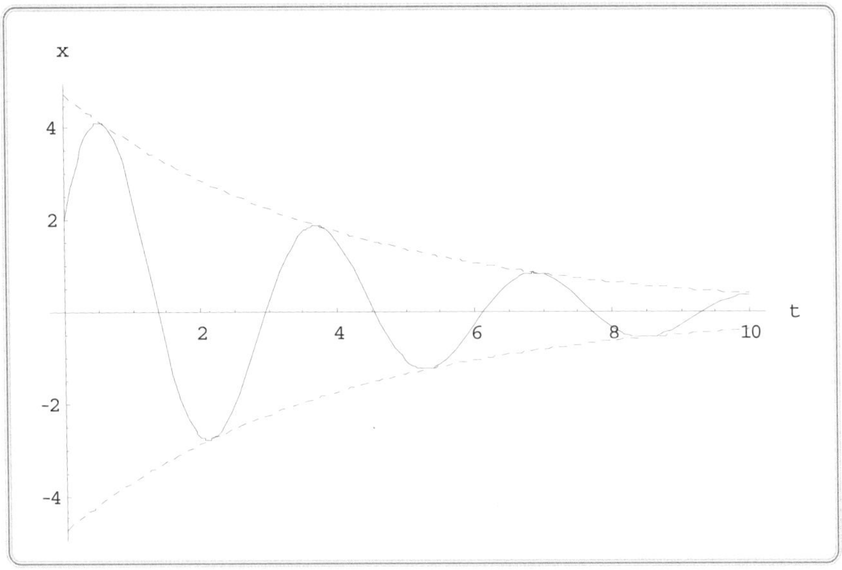

그림 e2.9.1 변위 응답 곡선

2.4 감쇠의 측정

시스템의 질량이나 강성과는 달리 감쇠는 측정하기가 상대적으로 어렵다. 부족 감쇠 시스템에서 감쇠는 실험적으로 측정 될 수 있다.

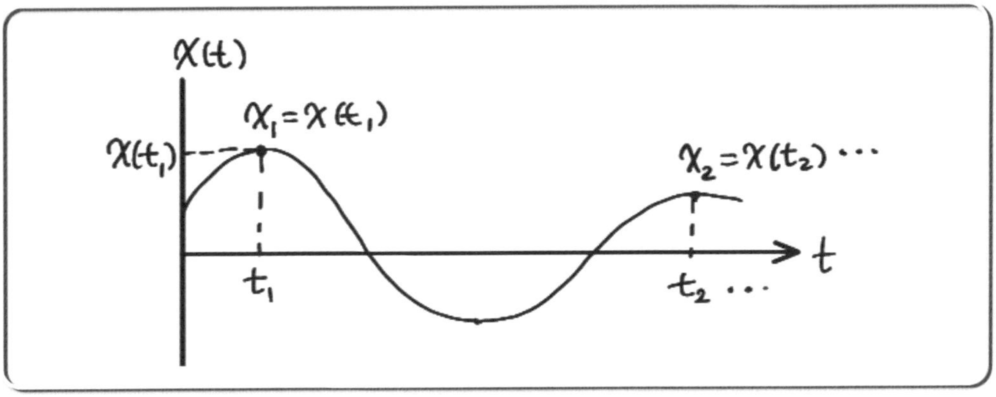

그림 2.6 부족 감쇠 응답 곡선의 극대값

그림 2.6과 같은 변위 응답 곡선에서 극대값들에 대응되는 시간은 $t_1, t_{2,} \cdots t_n$이라고 하자. 만약 실험에 의해 인접하는 두 극대값 $x(t_n)=x_n$와 $x(t_{n+1})=x_{n+1}$의 비는 다음과 같이 구해진다.

$$\frac{x_n}{x_{n+1}}=\frac{Ae^{-\zeta\omega_n t_n}\sin(\omega_d t_n+\phi)}{Ae^{-\zeta\omega_n t_{n+1}}\sin(\omega_d t_{n+1}+\phi)}=e^{\zeta\omega_n(t_{n+1}-t_n)}\frac{\sin(\omega_d t_n+\phi)}{\sin(\omega_d t_{n+1}+\phi)} \qquad (2.37)$$

위식에 $t_{n+1}=t_n+T_d$을 대입하면

$$\frac{x_n}{x_{n+1}}=e^{\zeta\omega_n(T_d)}\frac{\sin(\omega_d t_n+\phi)}{\sin(\omega_d(t_n+T_d)+\phi)}=e^{\zeta\omega_n T_d}\frac{\sin(\omega_d t_n+\phi)}{\sin(\omega_d T_d+\omega_d t_n+\phi)} \qquad (2.38)$$

식(2.36)의 $\omega_d T_d=2\pi$을 식(2.38)에서 대입하면, 식(2.28)의 분모는 다음과 같이 된다.

$$\sin(\omega_d T_d+\omega_d t_n+\phi)=\sin(2\pi+\omega_d t_n+\phi)=\sin(\omega_d t_n+\phi)$$

결과적으로 식(2.38)은 다음과 같이 간단히 된다.

$$\frac{x_n}{x_{n+1}} = e^{\zeta \omega_n T_d} \tag{2.39}$$

식(2.39)의 양변을 자연로그 취하면

$$\ln \frac{x_n}{x_{n+1}} = \zeta \omega_n T_d \tag{2.40}$$

위식에서 인접한 두 극대값 비의 자연로그 값을 대소 감소량 δ로 정의하고, $T_d = 2\pi/\omega_d = 2\pi/(\omega_n \sqrt{1-\zeta^2})$을 식(2.40)에 대입하면

$$\delta = \ln \frac{x_n}{x_{n+1}} = \frac{2\pi\zeta}{\sqrt{1-\zeta^2}} \tag{2.41}$$

위식으로부터 감쇠비를 구하면

$$\zeta = \frac{\delta}{\sqrt{4\pi^2 + \delta^2}} \tag{2.42}$$

여기서 대소 감소량 δ은 실험에 의해 구해진다. 식(2.41)에서 $\zeta \ll 1$인 경우 감쇠비는 다음과 같이 근사적으로도 구할 수 있다.

$$\zeta = \frac{\delta}{2\pi} \tag{2.43}$$

만약 n번째 극대값 $x(t_n) = x_n$과 $n+p$번째 극대값 $x(t_{n+p}) = x_{n+p}$가 측정되었을 경우, 다음의 식이 성립한다.

$$\frac{x_n}{x_{n+p}} = \frac{x_n}{x_{n+1}} \frac{x_{n+1}}{x_{n+2}} \cdots \frac{x_{n+p-1}}{x_{n+p}} \tag{2.44}$$

식(2.44)을 자연로그 취하고 식(2.41)을 대입하면

$$\ln \frac{x_n}{x_{n+p}} = \ln \frac{x_n}{x_{n+1}} + \ln \frac{x_{n+1}}{x_{n+2}} + \cdots + \ln \frac{x_{n+p-1}}{x_{n+p}} = p\delta \tag{2.45}$$

식(2.45)로부터 다음을 얻을 수 있다.

$$\delta = \frac{1}{p}\ln\frac{x_n}{x_{n+p}} \tag{2.46}$$

식(2.46)은 n번째 극대값 x_n과 p사이클 후 $n+p$번째 극대값 x_{n+p}의 비로부터 대수 감소량 δ을 구하는 식이다. 식(2.46)으로부터 구한 대소 감소량을 식(2.42)에 대입하면 감쇠비를 구할 수 있다.

예제2.10 **어떤 1자유도 시스템에서 초기 속도는 0이고 초기 위치는 x_0를 주었다. 이때 측정한 변위 응답 곡선에서 시간 t_o일 때의 극대값은 초기 위치의 50%이고, 시간 t_o에서 세 주기 후의 극대값은 초기 위치의 20%인 것도 밝혀졌다. 이 시스템의 질량이 10kg, 강성이 1000N/m인 경우 감쇠계수를 구하여라.**

풀이 먼저 식(2.46)을 이용하여 대소 감소량을 구하면

$$\delta = \frac{1}{3}\ln\left(\frac{0.5x_0}{0.2x_0}\right) = 0.3054$$

식(2.42)를 이용하면 감쇠비를 다음과 같이 구할 수 있다.

$$\zeta = \frac{1}{\sqrt{1+(2\pi/0.3054)^2}} = 0.05$$

위에서 구한 감쇠비를 이용하면 감쇠계수를 다음과 같이 구할 수 있다.

$$c = c_c\zeta = 2\sqrt{mk}\,\zeta = 2\sqrt{(10)(1000)}\,(0.05) = 10\text{kg/s}$$

2장 연습문제

01 질량 m이 질량을 무시할 수 있는 막대 끝에 부착되어 점 O에 대해 회전 운동하는 다음의 1자유도 시스템에 대한 운동방정식과 고유진동수를 구하여라. (단, 진폭이 매우 작은 미소 진동으로 가정하라.)

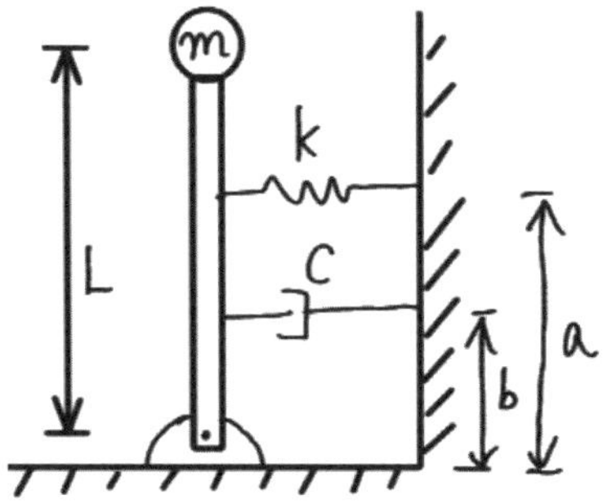

02 문제 1에서 $c=0$, $L=800$mm, $a=500$mm, $k=900$N/m이라면, 진동주기가 무한대가 되게 하는 질량 m이 몇 kg인지 계산하라.

03 30kg의 질량이 그림과 같이 두 스프링에 의해 매달려 있다. 정적 평형 상태에서 질량을 아래 방향으로 15mm 이동한 뒤 놓아졌을때, 주기, 진동수, 최대 속도, 최대 가속도를 구하여라.

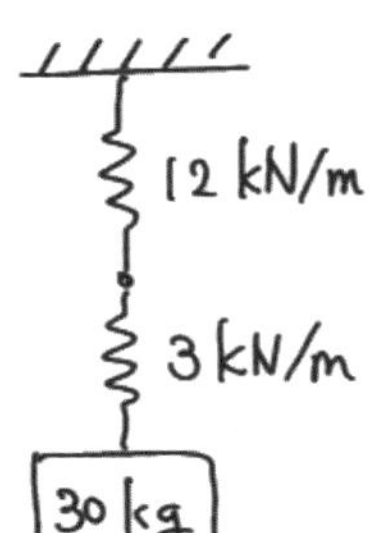

04 그림과 같은 1자유도 진동계의 주기는 0.8초로 측정되었다. 질량 A를 제거할 경우 주기는 0.6초로 측정되었다. 질량 C가 몇 kg인지 계산하라. (단, 질량 A는 0.4kg, 질량 B는 0.3kg이다.)

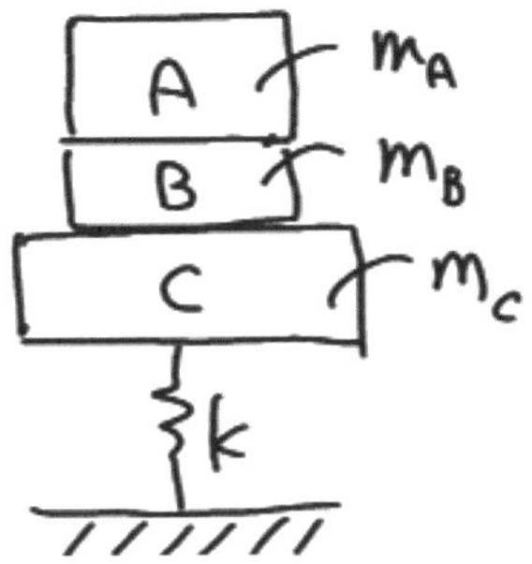

05 줄에 매달린 단진자의 주기가 2초일 때 단진자의 길이를 구하여라. 그리고 추의 최대 속력이 200mm/s일 때 단진자의 진폭을 구하라.

06 그림과 같이 길이 0.8m인 줄에 연결된 0.2kg인 추를 $\theta_0 = 4^\circ$ 인 위치에서 가만히 놓았더니 1.8초 후에 원래 위치로 되돌아 왔다. 이때 길이 d를 계산하라.

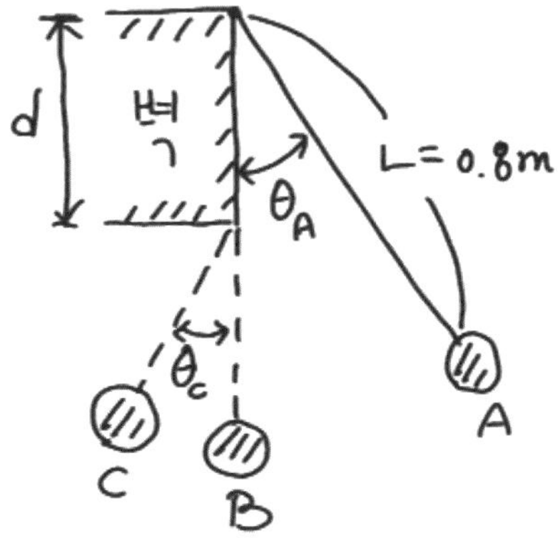

07 그림과 같이 질량 4kg인 강체 막대가 스프링에 의해 지지되어 있다. 막대 끝 A 지점을 5cm 누른 후 가만히 놓았을 때, B 지점의 최대 속도를 계산하라. 단, 막대의 질량은 무시하라.

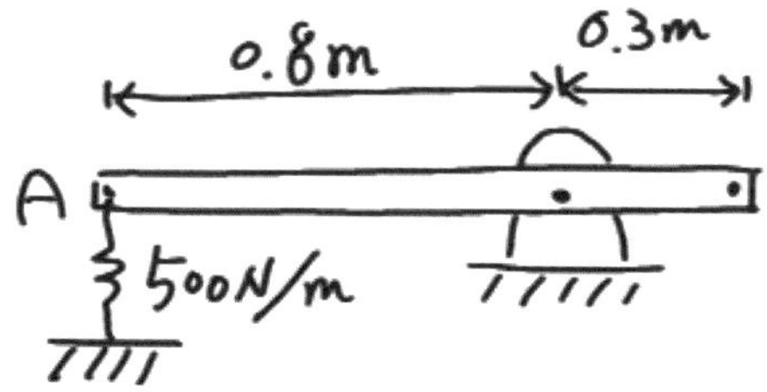

08 어떤 스프링에 0.5kg 질량을 매달았을 때 8.24mm 늘어났다. 이 시스템의 고유진동수를 구하여라.

09 거친 도로 위를 달리는 자동차가 진폭 4cm, 최대 가속도가 16m/s^{2}으로 수직방향으로 진동하고 있을 때, 자동차의 수직 방향 고유진동수를 계산하라.

10 초기 위치 $x_0 = 1$mm, 초기 속도 $v_0 = 0$에 대해 $\ddot{x} + 4\dot{x} + x = 0$의 해 $x(t)$를 구하고 그래프를 그려라.

11 $m = 1$, $c = 2$kg/s, $k = 10$N/m인 1자유도 진동계의 감쇠비, 고유진동수, 감쇠 고유진동수를 계산하라. 그리고 변위 응답 식을 구하고 그래프로도 그려라.

12 그림과 같이 문이 $\bar{k}$ 방향의 수직축에 대해 회전운동을 한다. 이 시스템의 운동방정식은 $J_{\mathrm{door}}\ddot{\theta}+c_t\dot{\theta}+k_t\theta=0$ 일 때, 초기 위치 $\theta=0$인 상태에서 초기 속도 48rad/s으로 문이 열릴 때, 각변위 응답 $\theta(t)$를 구하고 그래프도 그려라. 단, 문의 회전운동에 대한 질량관성모멘트 $J_{door}=20$kg·m^2, 문에 장착된 감쇠기의 감쇠계수 $c_t=48$ N·m·s/rad, 회전 강성 $k_t=28$N·m/rad이다.

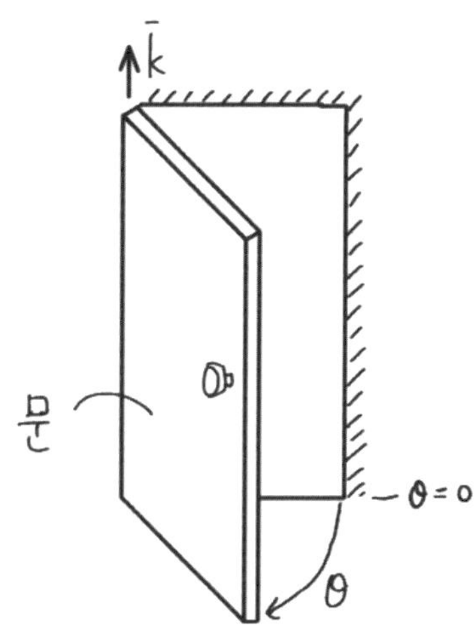

13 그림은 도로를 일정한 속도 v로 달리는 자동차를 간단하게 모델링한 것이다. 차가 달리다가 둔덕(bump)을 넘으면서 초기 변위 0.15m, 초기 속도 0.2m/s 로 상하 변위를 일으킨다. 만약 이 차의 질량 m이 1200kg, 강성 k가 700kN/m, 감쇠 계수 c가 5kN·s/m일 때, 이 계의 상하 변위 응답을 구하고, 이 계가 언제 다시 원래의 위치로 돌아가는지 계산하라.

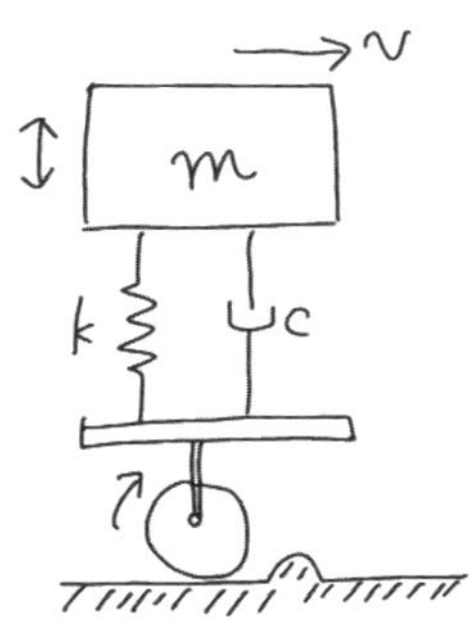

14 1자유도 진동계의 질량이 5kg, 스프링 상수가 4000N/m이다. 질량을 당겼다가 가만히 놓았더니, 진폭이 6사이클 후에 0.25배 감소하였다. 점성감쇠계수를 구하여라.

15 탄성계수 E를 모르는 길이 1m인 빔이 있다. 그림과 같이 한쪽을 고정하고 반대쪽 끝의 질량을 눌렀다가 놓으니 진동 주기가 0.46초이었다. 빔의 탄성계수를 계산하라. 단, 빔의 단면 2차 관성모멘트는 $I = 10^{-9}$m^{4}이다.

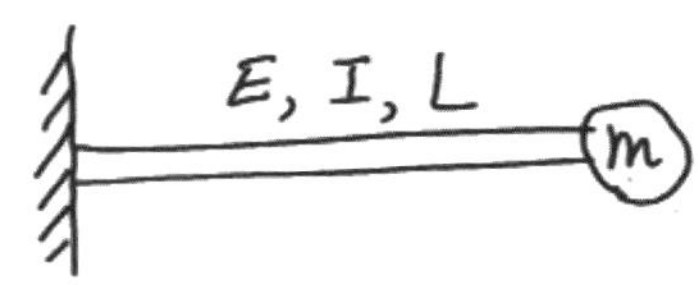

16 질량 3kg, 스프링 강성 18N/cm인 일자유도 진동계의 진폭이 한 주기동안 진폭이 0.98배 감소하였다. 이 계의 고유진동수, 대수감소(량), 감쇠비, 감쇠계수를 구하여라.

17 그림과 같이 강체 막대가 스프링과 감쇠기에 연결되어 있다. 이 진동계의 고유진동수와 임계 감쇠 계수를 구하여라. 단, 운동방정식이 $m\ddot{x} + c\dot{x} + kx = 0$인 1자유도 진동계의 임계감쇠계수는 $c_c = 2\sqrt{mk} = 2m\omega_n$이다.

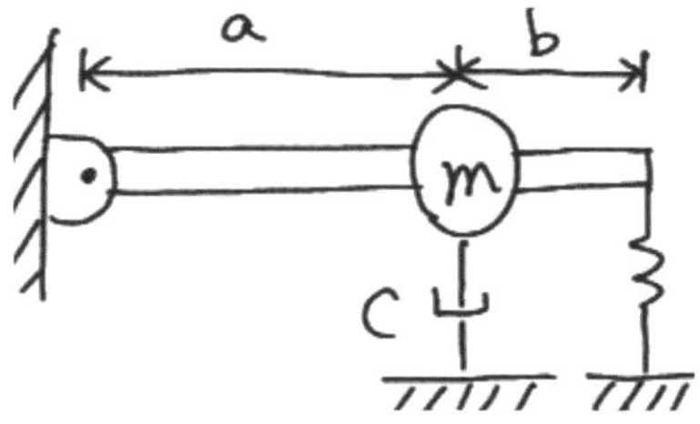

PART 03

조화가진에 의한 1자유도 시스템의 강제 진동

학부 기계 진동학

PART 03 조화가진에 의한 1자유도 시스템의 강제 진동

3.1 조화 가진력을 받고 있는 1자유도 시스템의 운동방정식

강제 진동은 자유 진동과는 달리 외력이 시스템에 작용하고 있는 동안의 진동을 뜻한다. 외력이 일정한 주기를 가지고 반복되는 형태일 수도 있고, 일정한 규칙성이 존재하지 않을 수도 있다. 본 장에서는 외력이 일정한 주기를 가지면서 사인 또는 코사인 함수의 형태를 가지는 조화 가진력이 고려 된다. 조화 가진력이 외력으로 작용하는 대표적인 시스템은 세탁기, 엔진, 공기 압축기 등이 있다.

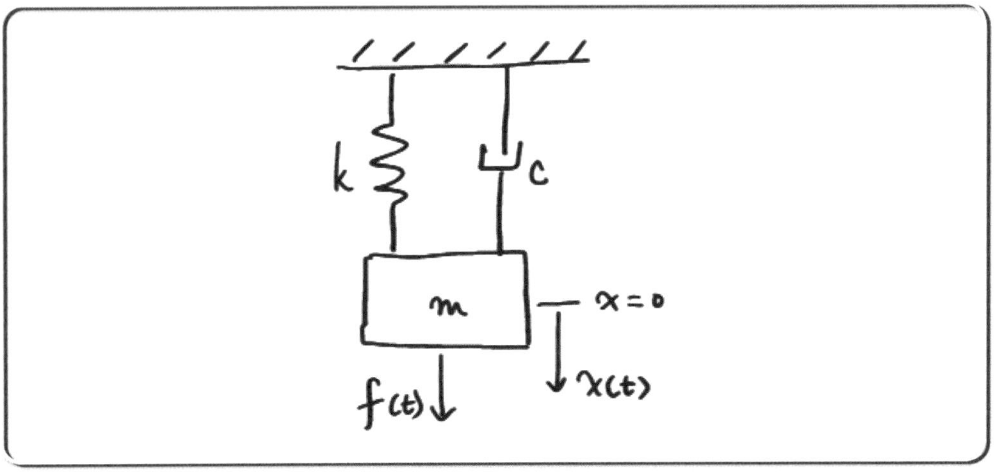

그림 3.1 외력을 받고 있는 1자유도 시스템

2장에서 이미 유도한 바와 같이 그림 3.1의 1자유도 시스템의 운동방정식은 식 (3.1)과 같다.

$$m\ddot{x}+c\dot{x}+kx=f(t) \tag{3.1}$$

여기서 외력 $f(t)$는 식(3.2)와 같은 조화 가진력이다고 가정한다.

$$f(t) = F_0 \cos\omega t \tag{3.2}$$

여기서 F_0는 외력의 최대값이며, ω은 외력의 진동수로서 강제 진동수 또는 가진 주파수로 불리어진다. 식(3.2)의 조화 가진력은 그림 3.2와 같은 형태를 가진다.

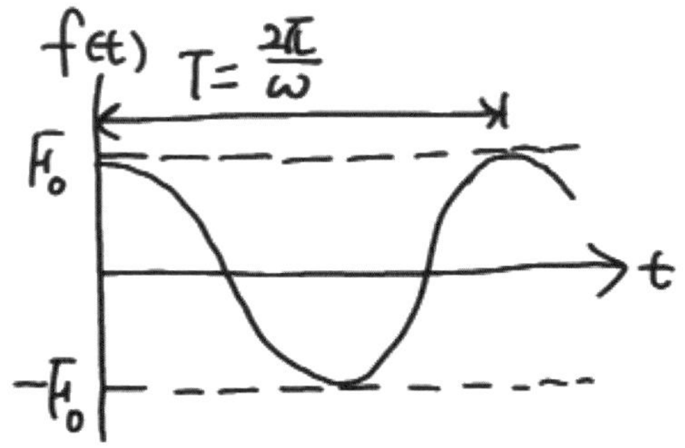

그림 3.2 최대값이 F_0인, 진동수가 ω인 조화가진력

식(3.2)를 식(3.1)에 대입하면, 조화 가진력을 받는 1자유도 시스템의 운동방정식이 다음과 같이 구해진다.

$$m\ddot{x} + c\dot{x} + kx = F_0 \cos\omega t \tag{3.3}$$

3.2 비감쇠 시스템의 강제 진동

감쇠를 무시할 수 있는 시스템인 경우 $c = 0$이므로 식(3.3)의 양변을 질량 m으로 나누면 다음과 같이 간단히 된다.

$$\ddot{x} + \omega_n^2 x = f_0 \cos\omega t \tag{3.4}$$

여기서 $f_0 = F_0/m$이다. 식(3.4)와 같은 비제차(non-homogeneous) 미분방정식의

해는 다음과 같이 제차해(homogeneous solution) $x_h(t)$와 특수해(particular solution) $x_p(t)$의 합으로 구성된다.

$$x(t) = x_h(t) + x_p(t) \tag{3.5}$$

여기서 제차해 $x_h(t)$는 2장에서 구한 재차 미분방정식 $\ddot{x} + \omega_n^2 x = 0$의 해에 해당하며 다음과 같다.

$$x_h(t) = A\sin(\omega_n t + \phi) \tag{3.6}$$

식(3.4)는 1차 미분항이 없는 2차 미분방정이므로 특수해는 외력과 같은 형태로 다음과 같이 가정한다.

$$x_p(t) = X\cos\omega t \tag{3.7}$$

여기서 미지수 X는 특수해의 진폭을 의미하며 식(3.7)를 식(3.4)에 대입하는 방법에 의해 구해진다. 식(3.7)을 두 번 미분한 후 식(3.4)에 대입하면

$$-\omega^2 X\sin\omega t + \omega_n^2 X\sin\omega t = f_0\cos\omega t \tag{3.8}$$

위 식을 정리하면

$$(\omega_n^2 - \omega^2)X\sin\omega t = f_0\cos\omega t \tag{3.9}$$

최종적으로 진폭 X는 다음과 같이 구해진다.

$$X = \frac{f_0}{\omega_n^2 - \omega^2} = \frac{F_0/m}{\omega_n^2 - \omega^2} \tag{3.10}$$

식(3.10)에 의해 특수해 $x_p(t)$는

$$x_p(t) = \frac{F_0/m}{\omega_n^2 - \omega^2}\cos\omega t \tag{3.11}$$

최종적으로 강제 진동 해는

$$x(t) = x_h(t) + x_p(t) = A\sin(\omega_n t + \phi) + \frac{F_0/m}{\omega_n^2 - \omega^2}\cos\omega t \tag{3.12}$$

여기서 미지수 A와 ϕ는 식(3.12)에 초기 조건을 적용하면 구해진다. 한편 식(3.12)에서 시스템의 고유진동수 ω_n와 외력의 강제진동수 ω가 같을 때 진동 변위가 무한대가 됨을 알 수 있다. 이와 같이 고유진동수와 강제진동수가 일치하여 시스템의 진동 변위가 무한대로 커지는 현상을 공진(resonance)이라 한다. 한편 식(3.6)의 제차해는 다음과 같이 가정될 수도 있다.

$$x_h(t) = A_1 \sin\omega_n t + A_2 \cos\omega_n t \tag{3.13}$$

식(3.13)을 이용하면 강제 진동해 식(3.12)는 다음과 같이 표현될 수도 있다.

$$x(t) = A_1 \sin\omega_n t + A_2 \cos\omega_n t + \frac{F_0/m}{\omega_n^2 - \omega^2}\cos\omega t \tag{3.14}$$

예제3.1 **초기 조건 $x(0) = x_0$, $\dot{x}(0) = v_0$인 경우 식(3.14)를 이용하여 강제 진동 응답해를 구하여라.**

풀이 초기 위치 조건 $x(0) = x_0$을 고려하면

$$x(0) = A_1 \sin 0 + A_2 \cos 0 + \frac{F_0/m}{\omega_n^2 - \omega^2}\cos 0 = x_0$$

$$A_2 = x_0 - \frac{F_0/m}{\omega_n^2 - \omega^2} \tag{e3.1.1}$$

초기 속도 조건 $\dot{x}(0) = v_0$을 고려하면

$$\dot{x}(0) = \omega_n A_1 \cos 0 - \omega_n A_2 \sin 0 + \frac{\omega F_0/m}{\omega_n^2 - \omega^2}\sin 0 = v_0$$

$$A_1 = \frac{v_0}{\omega_n} \tag{e3.1.2}$$

위에서 구한 A_1과 A_2를 식(3.14)에 대입하면

$$x(t) = \frac{v_0}{\omega_n}\sin\omega_n t + \left(x_0 - \frac{F_0/m}{\omega_n^2 - \omega^2}\right)\cos\omega_n t + \frac{F_0/m}{\omega_n^2 - \omega^2}\cos\omega t \tag{e3.1.3}$$

예제3.2 **질량 10kg, 스프링상수 100N/m, 초기 위치 $x(0)=2$cm, 초기 속도 $\dot{x}(0)=4$ cm/s인 시스템에 강제진동수가 고유진동수의 1.5배인 외력 $10\cos\omega t$가 작용하는 경우, 진동 응답 해를 구하여라. 단, x_h는 식(3.13)을 이용하라.**

풀이 고유진동수는 $\omega_n = \sqrt{100/10} = 3.16$, 강제진동수는 $\omega = 1.5\omega_n = 4.74$로 구해진다. 식(3.13)을 이용하면

$$x_h(t) = A_1 \sin 3.16t + A_2 \cos 3.16t \tag{e3.2.1}$$

외력이 $10\cos 4.74t$이므로 특수해는 다음과 같이 가정한다.

$$x_p(t) = X\cos 4.74t \tag{e3.2.2}$$

위식을 운동방정식 식(3.4)에 대입하면

$$-4.74^2 X\cos 4.74t + 3.16^2 X\cos 4.74t = 10\cos 4.74t$$

위식으로부터 $X=-0.8$을 구할 수 있다. 강제 진동해는 다음과 같이 된다.

$$x(t) = A_1 \sin 3.16t + A_2 \cos 3.16t - 0.8\cos 4.74t \tag{e3.2.3}$$

초기 위치 조건 $x(0)=2$을 식(E3.3.3)에 대입하면 $A_2 = 2.8$이 구해지고, 식(E3.2.3)을 미분한 후 초기 속도 조건 $\dot{x}(0)=4$을 대입하면 $A_1 = 1.27$이 구해진다. 그래서 최종 강제 진동해는

$$x(t) = 1.27\sin 3.16t + 2.8\cos 3.16t - 0.8\cos 4.74t \tag{e3.2.4}$$

참고로 위식을 매스메티카(Mathematica) 소프트웨어를 이용하여 $x(t)$를 그리면 그림e3.2.1과 같다.

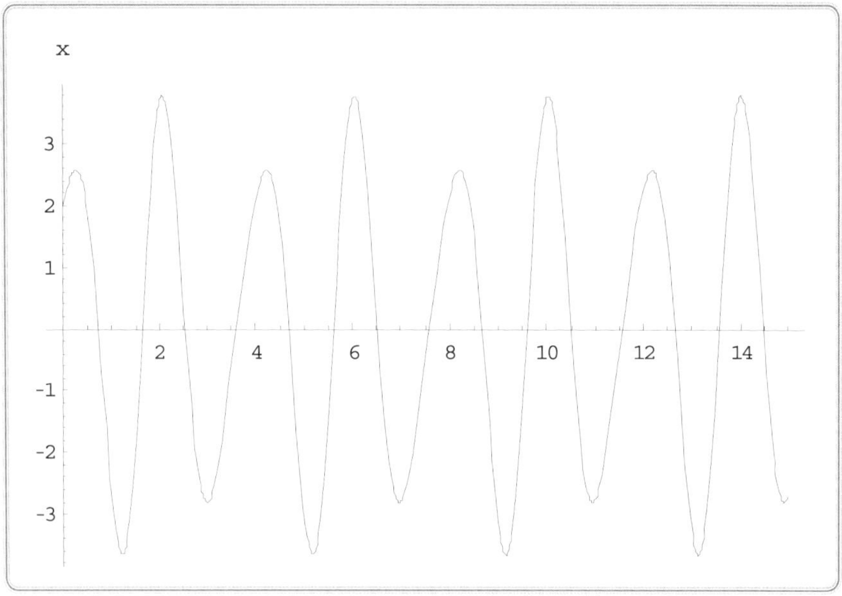

그림e3.2.1 강제 진동해($x(0)=2,\ \dot{x}(0)=4$)

만약 고유진동수와 강제진동수가 서로 일치한다면, 식(3.11)의 분모가 0이 되어 식(3.12)는 해가 될 수 없다. 이러한 경우 식(3.4)의 해는 다른 방법에 의해 구해져야 한다. 먼저 $\omega=\omega_n$ 인 경우 식(3.4)는 다음과 같다.

$$\ddot{x}+\omega_n^2 x = f_0 \cos\omega_n t \tag{3.15}$$

위식의 제차해 x_h는 2장의 식(2.9)와 같이 다음과 같다.

$$x_h(t) = A\sin(\omega_n t+\phi) \tag{3.16}$$

위식은 다음과 같이 사인합성 공식에 의해 다음과 같이 나타낼 수도 있다.

$$x_h(t) = A\sin\omega_n t + B\cos\omega_n t \tag{3.17}$$

만약 식(3.15)의 특수해를 식(3.7)과 같이 $x_p = X\cos\omega_n t$로 가정한다면, $x = x_h + x_p$는 식(3.17)에 의해 다음과 같은 형식이 된다.

$$x = x_h + x_p = A\sin\omega_n t + B\cos\omega_n t + X\cos\omega_n t \tag{3.18}$$

$$x = A\sin\omega_n t + \underbrace{(B+X)}_{\text{하나의 미지수 } C}\cos\omega_n t \tag{3.19}$$

식(3.19)에서 $B+X=C$로 생각한다면, 식(3.19)는 제차해 식(3.17)과 같은 모양이 되어 특수해가 최종 해에 반영되지 않게 된다. 이러한 문제점을 해결하기 위해, 특수해를 다음과 같이 가정한다.

$$x_p = Xt\sin\omega_n t \tag{3.20}$$

위 식을 식(3.15)에 대입하기 위하여, 위식을 두 번 미분하면 다음의 식을 얻을 수 있다.

$$\ddot{x}_p = 2X\omega_n\cos\omega_n t - Xt\omega_n^2\sin\omega_n t \tag{3.21}$$

식(3.20)과 식(3.21)을 식(3.15)에 대입하고 정리하면 다음의 식을 얻을 수 있다.

$$2X\omega_n\cos\omega_n t = f_0\cos\omega_n t$$

위식으로부터 진폭 X는 다음과 같이 구해진다.

$$X = \frac{f_0}{2\omega_n} \tag{3.22}$$

위식을 식(3.20)에 대입하면 최종적으로 x_p를 다음과 같이 구할 수 있다.

$$x_p = \frac{f_0}{2\omega_n}t\sin\omega_n t \tag{3.23}$$

만약 $f_0 = 1$, $\omega_n = 2$이다면 x_p는 식(3.24)와 같이 된다.

$$x_p = \frac{1}{4}t\sin\omega_n t \tag{3.24}$$

위식을 그래프로 그리면 그림 3.3의 실선과 같다. 그래프에서 점선으로 표시된 두 직선의 방정식은 다음과 같다.

$$x = \frac{f_0}{2\omega_n}t = \frac{1}{4}t\ ,\ x = -\frac{f_0}{2\omega_n}t = -\frac{1}{4}t \qquad (3.25a,\ 3.25b)$$

특수해 x_p는 위의 두 직선 사이에서 발생함을 알 수 있다. 이 직선이 특수해를 감싸고 있으므로, 이 두 직선을 envelope 함수라고 부른다. 그래프에서 변위 응답 x_p는 시간이 흐름에 따라 계속 증가하게 되며, 이론적으로는 무한대 변위까지 발생할 수 있으나 이 상황에 도달하기 전에 시스템이 붕괴되게 된다. 실생활에서 공진이 많이 발생하나 공진 상태에 머무는 시간이 매우 짧아서 변위가 커지지 않게 되어 시스템이 붕괴되는 최악의 상황에 도달하는 경우는 드물다.

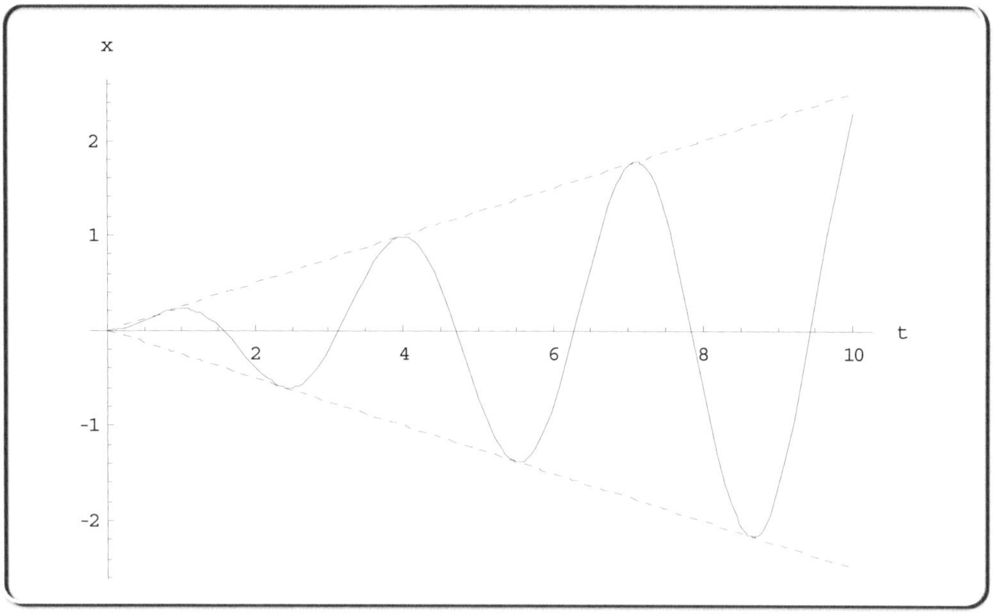

그림 3.3 공진 상태($w = \omega_n$)에서의 특수해 x_p

3.3 감쇠 시스템의 강제 진동

$c \neq 0$인 경우 식(3.3)을 질량으로 나누면 다음과 같이 된다.

$$\ddot{x} + 2\zeta\omega_n \dot{x} + \omega_n^2 x = f_0 \cos\omega t \tag{3.26}$$

식(3.26)의 해는 제차해와 특수해의 합인 $x = x_h + x_p$이다. 먼저 제차해 x_h는 2장의 식(2.35)에 의해 다음과 같다.

$$x_h(t) = Ae^{-\zeta\omega_n t}\sin(\omega_d t + \phi) \tag{3.27}$$

그리고 특수해는 다음과 같이 가정된다.

$$x_p(t) = X\cos(\omega t - \theta) \tag{3.28}$$

식(3.26)에서 x에 대한 1차 미분항인 $2\zeta\omega_n \dot{x}$이 존재하기 때문에 외력과 변위 응답 사이에 위상차 θ가 식(3.28)에서 고려되었다. 진폭 X와 위상차 θ를 구하기 위해 식(3.28)을 식(3.26)에 대입하면 다음과 같이 정리된다.

$$(\omega_n^2 - \omega^2)X\cos(\omega t - \theta) - 2\zeta\omega_n \omega X\sin(\omega t - \theta) = f_0 \cos\omega t \tag{3.29}$$

위식은 모든 시간 t에 대해 만족하는 등식이므로, 식(3.29)에 $\omega t - \theta = 0$을 대입하면 다음을 구할 수 있다.

$$(\omega_n^2 - \omega^2)X = f_0 \cos\theta \tag{3.30}$$

또, 식(3.28)에 $\omega t - \theta = \pi/2$을 대입하면 다음을 구할 수 있다.

$$2\zeta\omega_n \omega X = f_0 \sin\theta \tag{3.31}$$

식(3.30)과 식(3.31)을 $\cos^2\theta + \sin^2\theta = 1$에 대입하면 진폭 X가 다음과 같이 구해진다.

$$X = \frac{f_0}{\sqrt{(\omega_n^2 - \omega^2)^2 + (2\zeta\omega_n\omega)^2}} \tag{3.32}$$

식(3.31)을 식(3.30)으로 나누면 다음과 같이 된다.

$$\frac{\sin\theta}{\cos\theta} = \frac{2\zeta\omega_n\omega}{\omega_n^2 - \omega^2} \tag{3.33}$$

위 식으로부터 위상차 θ가 다음과 같이 구해진다.

$$\theta = \tan^{-1}\left(\frac{2\zeta\omega_n\omega}{\omega_n^2 - \omega^2}\right) \tag{3.34}$$

위에서 구한 진폭 X와 위상차 θ를 식(3.28)에 대입하면 특수해는

$$x_p(t) = \underbrace{\frac{f_0}{\sqrt{(\omega_n^2 - \omega^2)^2 + (2\zeta\omega_n\omega)^2}}}_{X} \cos\Big(\omega t - \underbrace{\tan^{-1}\left(\frac{2\zeta\omega_n\omega}{\omega_n^2 - \omega^2}\right)}_{\theta}\Big) \tag{3.35}$$

마지막으로 강제 진동해 $x = x_h + x_p$는

$$x(t) = \underbrace{Ae^{-\zeta\omega_n t}\sin(\omega_d t + \phi)}_{x_h} + \underbrace{\frac{f_0}{\sqrt{(\omega_n^2 - \omega^2)^2 + (2\zeta\omega_n\omega)^2}}\cos(\omega t - \theta)}_{x_p} \tag{3.36}$$

위식에서 x_h는 물리적으로 과도 응답(transient response)이라 불리어 진다. 왜냐하면 이 응답 식 속에 포함된 지수 항 $e^{-\zeta\omega_n t}$ 때문에 응답이 시간이 지남에 따라 0으로 수렴하기 때문이다. 반면에 x_p는 정상 상태 응답(steady-state response)으로 불리어 진다. 왜냐하면, 과도 응답과는 다르게 시간이 지나더라도 일정 진폭 X를 유지하기 때문이다. 한편, 식(3.36)에서 미지수 A와 ϕ는 초기조건을 대입해서 구할 수 있으며 관련 예제는 다음과 같다.

예제3.3 **질량 10kg, 스프링상수 100N/m, 감쇠계수 40N·s/m, 초기 위치 $x(0)=2$ cm, 초기 속도 $\dot{x}(0)=4$cm/s인 시스템에 강제진동수가 고유진동수의 1.5배인 외력 $30\cos\omega t$가 작용하는 경우, 진동 응답 해를 구하고, 그래프도 그려라. (단, 식(3.36)을 이용하라)**

풀이 고유진동수, 감쇠비, 강제진동수는 다음과 같이 구해진다.

$$\omega_n = \sqrt{\frac{1000}{10}} = 10,\ \zeta = \frac{40}{2\sqrt{10\times 1000}} = 0.2,\ \omega = 1.5\times 10 = 15$$

감쇠 고유진동수는

$$\omega_d = 10\sqrt{(1-0.1^2)} \approx 9.8$$

그리고 f_0는

$$f_0 = F_0/10 = 30/10 = 3$$

위에서 계산한 값들을 식(3.36)에 대입하면 다음과 같이 된다.

$$x(t) = Ae^{-2t}\sin(9.8t+\phi) + 0.0216\cos(15t-\theta) \tag{e3.3.1}$$

위식에서 θ는 식(3.34)에 의해 다음과 같이 계산된다.

$$\theta = \tan^{-1}\left(\frac{2\zeta\omega_n\omega}{\omega_n^2-\omega^2}\right) = \tan^{-1}\left(\frac{60}{-125}\right) = -0.447 \tag{e3.3.2}$$

식(e3.3.2)를 식(e3.3.1)에 대입하면

$$x(t) = Ae^{-2t}\sin(9.8t+\phi) + 0.0216\cos(15t+0.447) \tag{e3.3.3}$$

위식에 포함된 미지수 A와 ϕ를 구하기 위하여 초기조건을 적용하자. 먼저 초기 위치 조건 $x(0)=2$를 적용하면 다음의 식이 구해진다.

$$A\sin\phi + 0.0216\cos(0.447) = 2 \tag{e3.3.4}$$

위식을 간단히 하면

$$A\sin\phi = 1.98 \tag{e3.3.5}$$

초기 속도조건을 대입하기 위해 식(e3.3.3)을 미분하면 다음과 같이 된다.

$$\dot{x}(t) = -2Ae^{-2t}\sin(9.8t+\phi) + 9.8Ae^{-2t}\cos(9.8t+\phi) - 0.324\sin(15t+0.447)$$

위식에 초기 속도 조건 $\dot{x}(0)=4$를 적용하면 다음의 식이 얻어진다.

$$-2A\sin\phi + 9.8A\cos\phi - 0.324\sin(0.447) = 4$$

위식을 간단히 하면

$$-2A\sin\phi + 9.8A\cos\phi = 4.14 \qquad \text{(e3.3.6)}$$

식(e3.3.6)에 식(3.3.5)를 대입하고 정리하면,

$$A\cos\phi = 0.827 \qquad \text{(e3.3.7)}$$

이제 식(3.3.5)와 식(3.3.7)을 $\sin^2\phi + \cos^2\phi = 1$에 대입하면

$$\left(\frac{1.98}{A}\right)^2 + \left(\frac{0.827}{A}\right)^2 = 1$$

위식으로부터 $A=2.146$을 구할 수 있다. 식(e3.3.5)을 식(e3.3.7)로 나누면,

$$\frac{\sin\phi}{\cos\phi} = \tan\phi = \frac{1.98}{0.827}$$

위식으로부터 $\phi = 1.175$가 구해진다. 위에서 구한 A와 ϕ을 식(e3.3.3)에 대입하면 최종 변위 응답이 다음과 같이 구해진다.

$$x(t) = 2.146e^{-2t}\sin(9.8t+1.175) + 0.0216\cos(15t+0.447) \qquad \text{(e3.3.8)}$$

위식을 검산해보기 위해 $x(0)$을 구해보면 다음과 같이 원래 주어진 초기 변위 조건 $x(0)=2$를 만족함을 확인 할 수 있다.

$$x(0) = 2.146\sin(1.175) + 0.0216\cos(0.447) \approx 2$$

마지막으로 식(e3.3.8)을 그래프로 그리면 그림 3.3.1과 같다. 그래프를 살펴 보면, 약 2초 이전 시간에서는 과도 응답 x_h가 지배적으로 나타나다가 시간이 지남에 따라 사라짐을 알 수 있다. 그리고 약 3초 이상의 시간 영역에서는 정상상태 응답 x_p가 나타난다. 정상 상태 응답을 자세히 보기 위해 그래프를 확대하면 그림 e3.3.2와 같다.

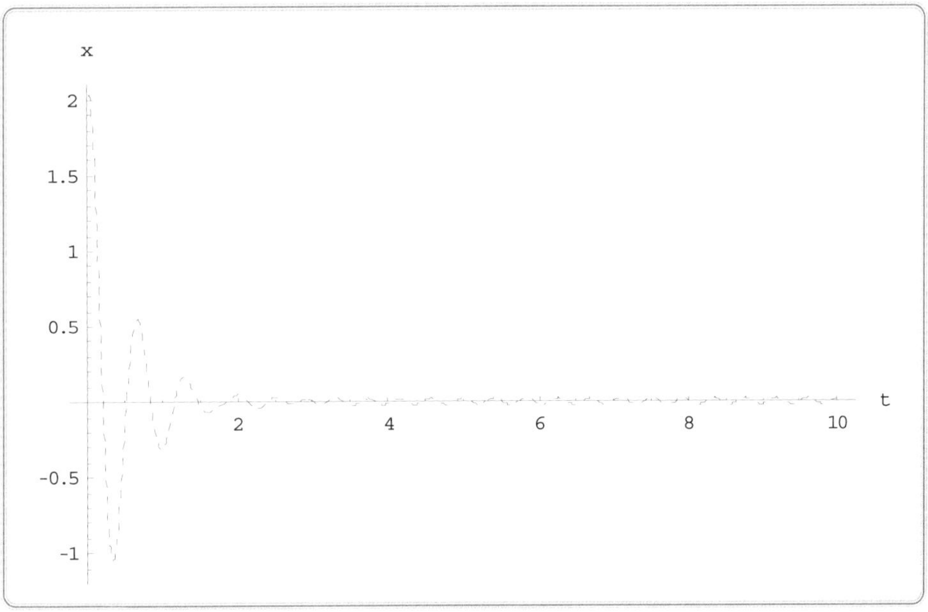

그림 e3.3.1 변위 응답 $x(t) = x_h + x_p$ 그래프

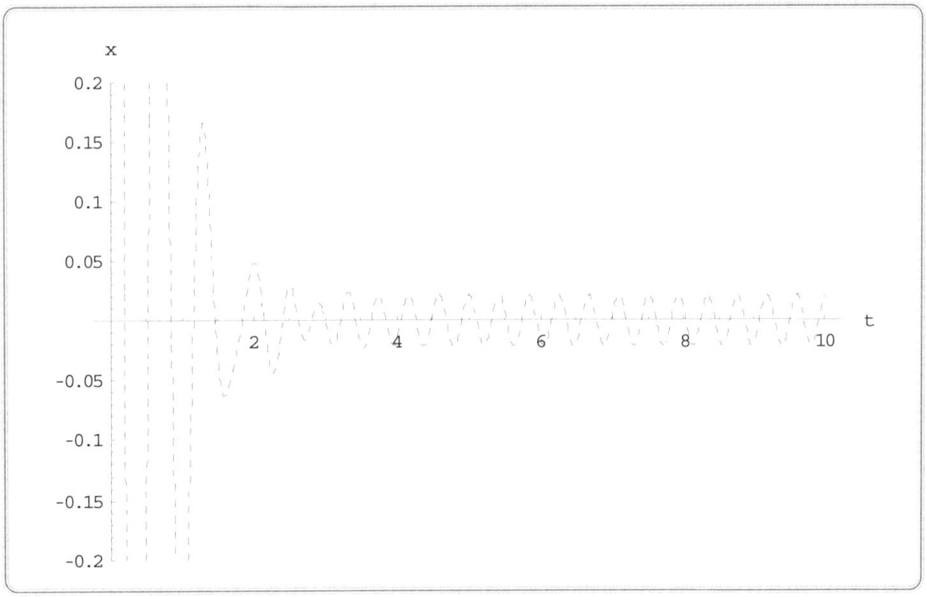

그림 e3.3.2 확대보기를 한 변위 응답 $x(t) = x_h + x_p$ 그래프

3.4 회전 기계의 강제 진동 응답

모터, 펌프, 팬, 건조기, 세탁기 등과 같이 회전 요소를 가지고 있는 기계는 회전 요소의 불평형(불균형, 편심) 질량이 발생시키는 원심력에 의해 조화 가진력이 기계에 작용하게 된다. 그림 3.4와 같이 일정 각속도 ω로 회전하고 있는 불평형 질량 m_e, 불평형 질량의 편심 반경 e, 기계의 총 질량 M, 스프링 강성 k, 감쇠 계수 c인 경우를 고려해보자.

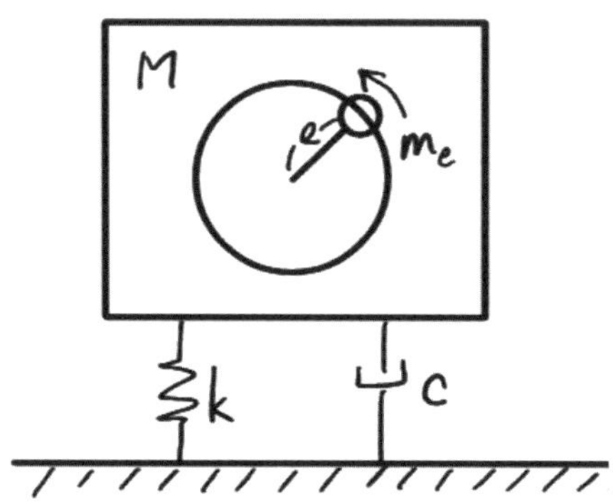

그림 3.4 불평형 질량이 존재하는 회전 기계

그림 3.4에 대한 운동 방정식을 구하기 위해, 그림 3.5a와 같이 임의의 시간 t에서 기계 총 질량 M의 변위는 $x(t)$이고, 불평형 질량 m_e의 각변위는 $\theta(t)$이다고 가정하자. 편의상, 불평형 질량 m_e는 길이 e인 줄에 매달려 회전하고 있다고 가정한다. 이때 질량 M과 m_e에 작용하는 힘들에 대한 자유물체도는 그림 3.5b와 그림 3.5c에 나타나 있다. 그림 3.5b에서 수직 방향으로 뉴턴2법칙 $\sum F = ma$을 적용하면 식(3.37a)가 얻어진다. 그리고 그림 3.5c에서 수직 방향으로 뉴턴2법칙 $\sum F = ma$을 적용하면 식(3.37b)가 얻어진다.

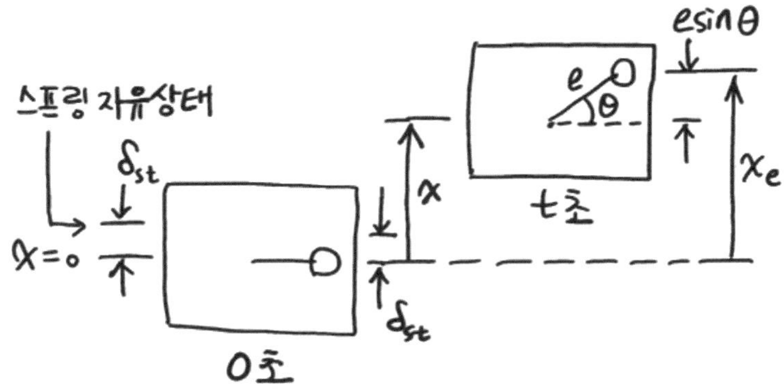

(a) 시간 t초 일 때 M의 변위 x와 m_e의 각변위 θ

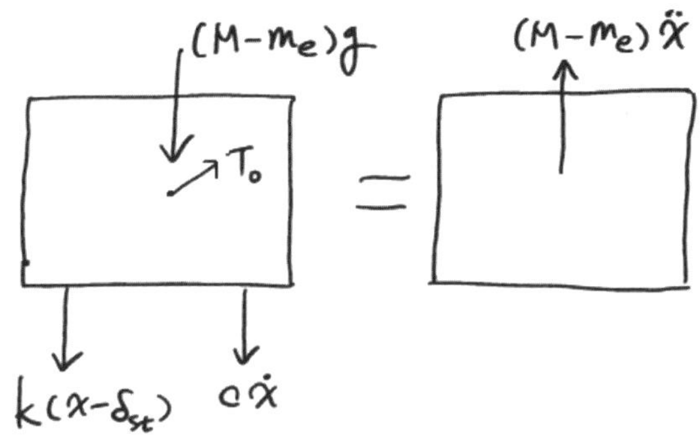

(b) 시간 t초일 때 자유물체도

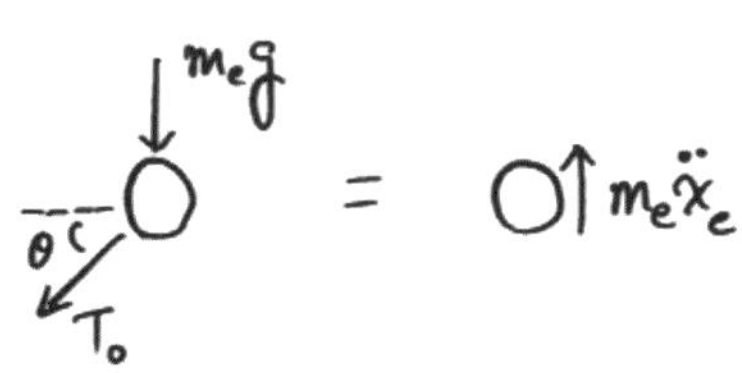

(c) 시간 t초 일 때 질량 m_e에 대한 자유물체도

그림 3.6 자유물체도

$$T_0 \sin\theta - k(x-\delta_{st}) - c\dot{x} - (M-m_e)g = (M-m_e)\ddot{x} \tag{3.37a}$$

$$-T_0 \sin\theta - m_e g = m_e \ddot{x}_e \tag{3.37b}$$

여기서 T_0는 질량 m_e에 연결된 줄의 장력을 의미한다.

식(3.37b)에서 $T_0 \sin\theta = -m_e g - m_e \ddot{x}_e$이므로, 이것을 식(3.37a)에 대입하면 장력 T_0가 사라진 다음의 식이 얻어진다.

$$-m_e g - m_e \ddot{x}_e - k(x - \delta_{st}) - c\dot{x} - (M - m_e)g = (M - m_e)\ddot{x}$$

위식을 정리하면,

$$-m_e \ddot{x}_e - k(x - \delta_{st}) - c\dot{x} - Mg = (M - m_e)\ddot{x} \tag{3.38}$$

위식에서 불평형 질량의 가속도 $\ddot{x}_e$를 구하기 위해 불평형 질량의 변위를 다음과 같이 나타낸다.

$$x_e = x + e\sin\omega t$$

여기서 $\omega t = \theta$이다. 위식을 두 번 미분하면, 다음과 같이 $\ddot{x}_e$가 구해진다.

$$\ddot{x}_e = \ddot{x} - e\omega^2 \sin\omega t \tag{3.39}$$

한편, 질량 M이 정적 평형 상태($x = 0$인 위치)에 있을 때 스프링의 정적 처짐량은 $\delta_{st} = Mg/k$이므로 이 값을 식(3.38)에 대입하고 동시에 식(3.39)도 식(3.38)에 대입하면 다음과 같은 최종 운동방정식을 얻을 수 있다.

$$M\ddot{x} + c\dot{x} + kx = m_e e\omega^2 \sin\omega t \tag{3.40}$$

여기서 $F_0 = m_e e\omega^2$로 치환하면, 위식은 식(3.3)과 같은 형태가 된다.

위식의 양변을 질량 M으로 나누면,

$$\ddot{x} + 2\zeta\omega_n \dot{x} + \omega_n^2 x = \frac{m_e}{M} e\omega^2 \sin\omega t \tag{3.41}$$

위식을 $f_0 = \dfrac{m_e}{M} e\omega^2$으로 치환하면, 위식은 식(3.26)과 같은 형태로 다음과 같이 된다.

$$\ddot{x} + 2\zeta\omega_n \dot{x} + \omega_n^2 x = f_0 \sin\omega t \tag{3.42}$$

위식의 해는 제차해와 특수해의 합인 $x = x_h + x_p$의 형태로 구해진다. x_h는 식(3.27)와 같으며, x_p는 식(3.35)에 의해 다음과 같이 구해진다.

$$x_p(t) = \frac{\frac{m_e}{M}e\omega^2}{\sqrt{(\omega_n^2 - \omega^2)^2 + (2\zeta\omega_n\omega)^2}} \sin(\omega t - \phi) \tag{3.43}$$

위식에서 정상상태 응답 진폭은 다음과 같다.

$$X = \frac{\frac{m_e}{M}e\omega^2}{\sqrt{(\omega_n^2 - \omega^2)^2 + (2\zeta\omega_n\omega)^2}} \tag{3.44}$$

그리고 위상 ϕ는 식(3.34)에 의해 다음과 같이 구해진다.

$$\phi = \tan^{-1}\left(\frac{2\zeta\omega_n\omega}{\omega_n^2 - \omega^2}\right) \tag{3.45}$$

식(3.44)의 분모 분자를 동시에 ω_n으로 나누어서 진동수 비 $r = \omega/\omega_n$을 이용하여 무차원화하면, 식(3.44)는 다음과 같이 된다.

$$\frac{XM}{em_e} = \frac{r^2}{\sqrt{(1 - r^2)^2 + (2\zeta r)^2}} \tag{3.46}$$

마찬가지 방법으로 위상 식(3.45)도 다음과 같이 무차원화 된다.

$$\phi = \tan^{-1}\left(\frac{2\zeta r}{1 - r^2}\right) \tag{3.47}$$

식(3.46)과 식(3.47)을 진동수비에 대한 그래프로 나타내면 그림 3.7과 같다. 그림 3.7에서 무차원 진폭 $XM/(em_e)$는 진동수 비가 1 근처($\omega \approx \omega_n$)일 때 가장 크게 됨을 알 수 있다. 그리고, 감쇠비가 0.05인 경우의 위상 그래프를 보면, 진동수비가 1근처에서 위상이 0도에서 180도로 바뀜을 확인할 수 있다. 위상이 0도인 경우에는 편심에 의해 발생하는 원심력의 수직성분 방향과 질량 M의 진동 방향이 같으며, 위상이 180도인 경우에는 원심력의 수직성분 방향과 질량의 진동 방향이 반대 방향이 된다. 즉, 위상 180도는 원심력 수직성분이 위로 작용할 때에는 질량의 진동이 아래 방향으로 발생한다는 것을 의미한다.

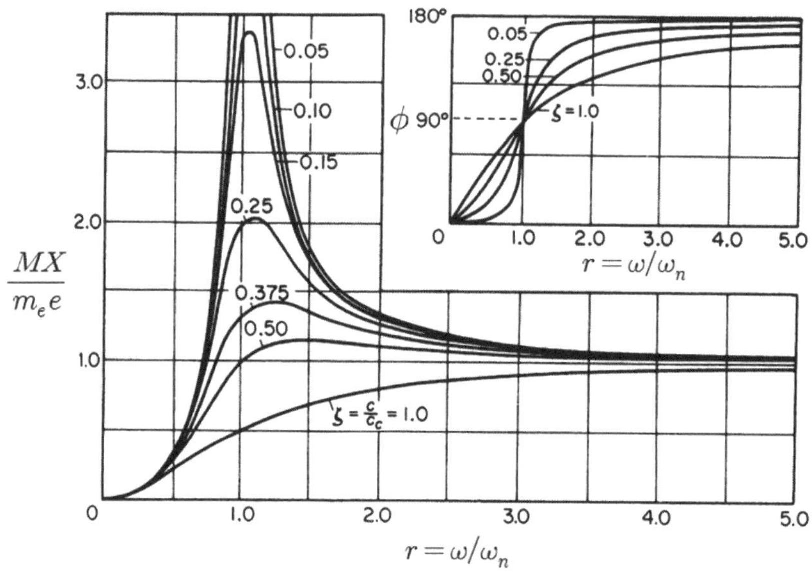

그림 3.7 정상상태 응답 진폭과 위상

예제3.4 그림과 같이 두 개 편심 질량이 같은 위상으로 반대 방향으로 회전하고 있다. 결과적으로 편심에 의한 원심력은 수직 방향으로만 발생하고 수평방향은 서로 상쇄된다. 공진 상황($\omega = \omega_n$)에서 질량 M의 진폭이 0.60cm이다. 만약 편심 질량의 회전 속도가 고유진동수에 비해 훨씬 커졌을 경우($\omega \gg \omega_n$)에는 진폭이 0.08cm이다면, 이 시스템의 감쇠비 ζ를 근사적으로 구하여라.

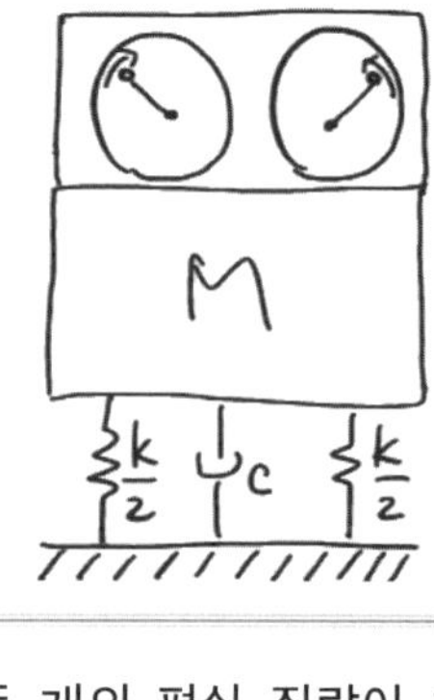

그림 e3.4.1 두 개의 편심 질량이 회전하는 회전기계

풀이 $\omega = \omega_n$일 때 진폭이 0.6cm이므로, 식(3.44)에 의해 다음의 식이 성립한다.

$$X = \frac{\frac{m_e}{M} e\omega^2}{\sqrt{(0)^2 + (2\zeta\omega\omega)^2}} = \frac{\frac{m_e}{M} e}{2\zeta} = 0.6\text{cm} \quad \text{(e3.4.1)}$$

그리고, $\omega \gg \omega_n$인 경우에 식(3.44)를 근사적으로 간단히 하기 위해, 식(3.44)의 분모 분자를 동시에 ω^2으로 나누면 다음 식이 얻어진다.

$$X = \frac{\frac{m_e}{M} e}{\sqrt{((\frac{\omega_n}{\omega})^2 - 1^2)^2 + (2\zeta\frac{\omega_n}{\omega})^2}} \quad \text{(e3.4.2)}$$

위식에서, $\omega \gg \omega_n$로 인해 $(\omega_n/\omega)^2 \approx 0$이므로, 위식은 다음과 같이 간단히 된다.

$$X = \frac{m_e}{M} e \quad \text{(e3.4.3)}$$

문제에서 $\omega \gg \omega_n$일 때 진폭이 0.08cm이므로, 식(e3.4.3)에 의해 다음의 식이 성립한다.

$$X = \frac{m_e}{M} e = 0.08 \text{ cm} \quad \text{(e3.4.4)}$$

위식을 식(e3.4.1)에 대입하면 감쇠비가 $\zeta = 0.0667$로 구해진다.

예제3.5 **한쪽 끝이 고정된 빔의 반대쪽 끝에 1200kg의 모터가 장착되어 있다. 이 모터의 편심 질량은 1kg이고 편심 반경은 6cm이다. 이 시스템의 공진은 모터가 2210rpm으로 회전할 때 발생하는 것으로 밝혀졌다. 만약 감쇠비가 0.1 보다 작다면, 모터가 1440rpm으로 회전할 때 진폭을 예측하라.**

풀이 공진주파수의 단위는 여러 가지가 있다. 예를 들면, Hz, rad/s, rpm 등이 있다. 이 문제에서 공진주파수의 단위가 rpm으로 주어졌기 때문에,

rpm 단위를 rad/s 단위로 변환하지 않고 그대로 사용하기 위하여 식(3.46)을 이용한다. 먼저 1440rpm으로 회전할 때의 진동수 비 r를 구하자.

$$r = \frac{1440}{2210} = 0.652$$

위에서 구한 진동수 비와 $M = 1200\text{kg}$, $m_e = 1\text{kg}$, $e = 0.06\text{m}$, $\zeta = 0.1$을 식(3.46)에 대입하면, 다음 계산식과 같이 진폭은 0.036mm로 구해진다.

$$\frac{X(1200)}{(0.06)(1)} = \frac{0.652^2}{\sqrt{(1-0.652^2)^2 + (2\times 0.1\times 0.652)^2}} = 0.036\times 10^{-3}$$

위식에 ζ=0을 대입하면, 진폭은 0.037mm로 구해진다. 결과적으로 감쇠비가 0.1보다 적을 경우, 진폭은 0.036mm와 0.037mm 범위를 가진다고 예측할 수 있다.

예제3.6 회전 기계의 총질량이 200kg이 스프링과 감쇠기에 의해 바닥에 설치되어 있다. 편심 질량과 편심 반경의 곱이 0.05kg·m이다. 기계의 회전속도가 1000rpm에서 공진이 발생했고 이때의 진폭이 20mm이다면, 시스템의 고유진동수와 감쇠비를 구하여라. 그리고 회전속도가 1300rpm일 때 진폭도 구하여라.

풀이 1000rpm에서 공진이 발생했으므로, 시스템의 고유진동수도 1000rpm 근처에 있다고 생각할 수 있다. 그래서 1000rpm을 rad/s 단위로 환산하면 고유진동수 ω_n은 다음과 같이 구해진다.

$$\omega_n = 2\pi\frac{1000}{60} = 104.72 \text{ rad/s}$$

실제 정확한 고유진동수는 그림 e3.6.1과 같이 104.72rad/s 보다 조금 작다.

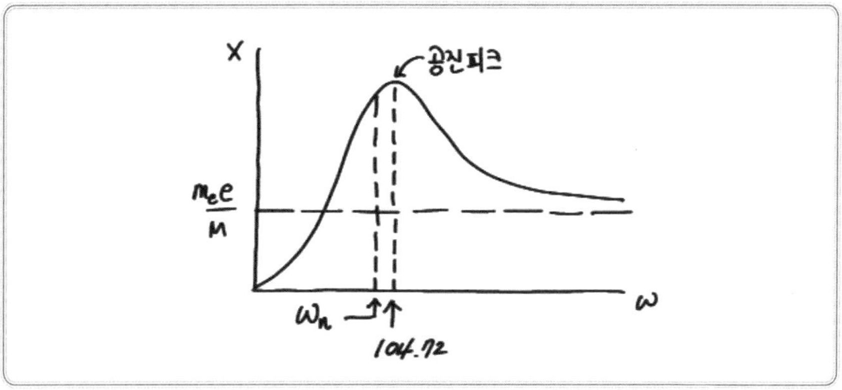

그림 e3.6.1 고유진동수(ω_n)와 공진주파수(=104.72rad/s)

공진시 진폭은 식(e3.4.1)을 만족한다. 그래서,

$$X = \frac{\frac{m_e}{M}e}{2\zeta} = 0.02$$

$M = 200$, $m_0 e = 0.05$이므로, 위식은 다음과 같이 된다.

$$\frac{\frac{0.05}{200}}{2\zeta} = 0.02$$

위식으로부터 감쇠비는 $\zeta = 0.00625$로 구해진다.

예제3.7 **질량이 40kg인 회전기계가 강성이 250N/m인 스프링 4개에 의해 병렬로 지지되어 있다. 감쇠비가 0.15, 편심 질량이 5kg, 편심 반경이 50mm인 경우, 회전속도 1000rpm과 60rpm에서의 진폭을 구하라.**

풀이 $M = 40$, $m_e = 5$, $e = 0.05$, $\zeta = 0.15$을 만족한다. 1000rpm을 rad/s 단위로 환산하면 회전속도는

$$\omega = 2\pi\frac{1000}{60} = 104.72 \text{ rad/s}$$

고유진동수는

$$\omega_n = \sqrt{\frac{4\times 250}{40}} = 5 \text{ rad/s}$$

식(3.44)에 위에서 결정된 값들을 모두 대입하면, 다음과 같이 진폭이 6.26mm로 구해진다.

$$X = \frac{\frac{m_e}{M} e\omega^2}{\sqrt{(\omega_n^2 - \omega^2)^2 + (2\zeta\omega_n\omega)^2}}$$

$$= \frac{\frac{5}{40} \times 0.05 \times 104.67^2}{\sqrt{(5^2 - 104.67^2)^2 + (2 \times 0.15 \times 5 \times 104.67)^2}} = 0.00626$$

마찬가지 방법으로 60rpm일 때 진폭은 14.29mm로 구해진다. 회전속도 60rpm을 rad/s 단위로 환산하면 6.28rad/s이다. 이 값은 고유진동수 근처 값이므로, 회전속도가 1000rpm일 때 보다 60rpm 일 때 진폭이 더 커짐을 확인할 수 있다.

3.5 바닥 가진에 의한 강제진동 응답

가진력이 시스템 질량에 직접 가해지지 않고 스프링과 감쇠기가 장착된 바닥을 통해서 변위 형태로 가진이 입력되는 경우가 많다. 예를 들면, 자동차의 차체가 스프링과 감쇠기(서스펜션)로 지지되어 있는데 평탄하지 않는 도로를 자동차가 주행할 경우, 스프링을 통해 차체로 도로의 변위가 가진력이 전달되게 된다. 이러한 진동 시스템은 그림 3.8과 같이 표현될 수 있다.

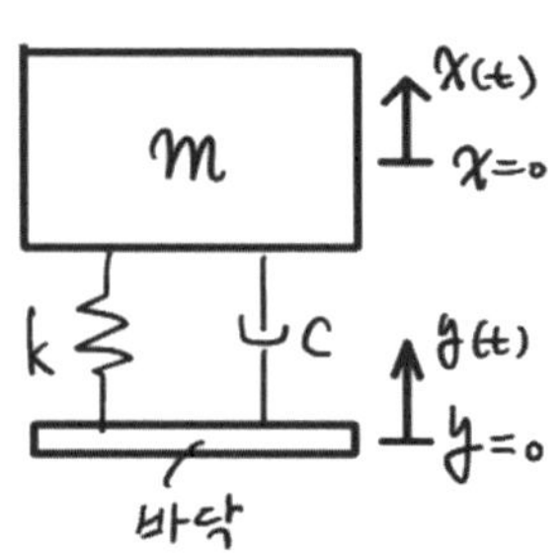

그림 3.8 바닥 가진 모델

그림 3.8에서 $y(t)=Ysin\omega t$는 스프링과 감쇠기를 지지하고 있는 바닥(base)의 진동 변위를 의미한다. 바닥 변위의 진폭은 Y이며 바닥 가진주파수는 ωrad/s이다. 질량이 정적 평형 위치에 있을 때의 스프링 압축량 δ_s는 다음의 식을 만족한다.

$$mg=k\delta_s \tag{3.48}$$

정적 평형 위치로부터 질량 m의 진동 변위를 $x(t)$로 가정하다. 그러면, 그림 3.9와 같이 자유물체도를 그릴 수 있다.

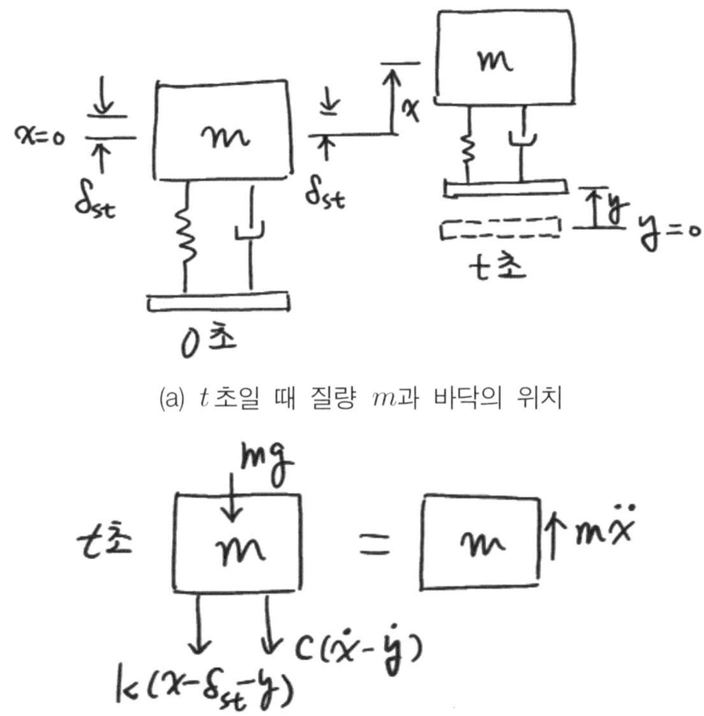

(a) t초일 때 질량 m과 바닥의 위치

(b) t초일 때 자유물체도

그림 3.9 자유물체도

자유물체도를 이용하여 수직방향으로 뉴턴 2법칙($\sum F=ma$)을 고려하면 다음의 식을 얻을 수 있다.

$$-mg-k(x-\delta_s-y)-c(\dot{x}-\dot{y})=m\ddot{x} \tag{3.49}$$

위식에서 스프링의 인장량 $(x-\delta_s-y)$는 그림 3.9a와 같이 질량 변위 x에서 바닥 변위 y와 스프링 정적 압축량 δ_s를 빼준 값이다. 위식에서 괄호를 풀면,

$$-mg-kx+k\delta_s+ky-c\dot{x}+c\dot{y}=m\ddot{x} \tag{3.50}$$

식(3.48)에 의해 $mg=k\delta_s$이므로, 위식은 다음과 같이 간단히 된다.

$$m\ddot{x}+c\dot{x}+kx=c\dot{y}+ky \tag{3.51}$$

$y=Y\sin\omega t$을 위식에 대입하면 다음과 같이 최종 운동방정식이 구해진다.

$$m\ddot{x}+c\dot{x}+kx=c\omega Ycos\omega t+kYsin\omega t \tag{3.52}$$

위식의 양변을 질량 m으로 나누고 정리하면 다음의 식이 구해진다.

$$\ddot{x}+2\zeta\omega_n\dot{x}+\omega_n^2x=2\zeta\omega\omega_n Ycos\omega t+\omega_n^2 Ysin\omega t \tag{3.53}$$

위식의 해는 제차해 x_h와 특수해 x_p의 합 $x=x_h+x_p$이다. 제차해는 식(3.27)과 같은 식으로 다음과 같다.

$$x_h(t)=Ae^{-\zeta\omega_n t}\sin(\omega_d t+\phi) \tag{3.54}$$

특수해를 용이하게 구하기 위하여, 식(3.53)은 다음과 같이 간단하게 변형한다.

$$\ddot{x}+2\zeta\omega_n\dot{x}+\omega_n^2x=f_{0c}\cos\omega t+f_{os}\sin\omega t \tag{3.55}$$

여기서 $f_{0c}=2\zeta\omega\omega_n Y$이고 $f_{0s}=\omega_n^2 Y$이다.

식(3.55)의 특수해를 구하기 위해, 식(3.55)는 다음과 같이 두 개의 식으로 분리한다.

$$\ddot{x}+2\zeta\omega_n\dot{x}+\omega_n^2x=f_{0c}\cos\omega t \tag{3.56}$$

$$\ddot{x}+2\zeta\omega_n\dot{x}+\omega_n^2x=f_{os}\sin\omega t \tag{3.57}$$

식(3.55)의 특수해 x_p는 식(3.56)의 특수해 x_{pc}와 식(3.57)의 특수해 x_{ps}의 합 $x_p=x_{pc}+x_{ps}$이다. 식(3.56)의 특수해 x_{pc}는 식(3.35)와 같은 형태로 다음과 같이 구해진다.

$$x_p(t) = \frac{f_{0c}}{\sqrt{(\omega_n^2 - \omega^2)^2 + (2\zeta\omega_n\omega)^2}} \cos(\omega t - \phi) \tag{3.58}$$

식(3.57)의 특수해 x_{ps}는 식(3.43)과 같은 형태로 다음과 같이 구해진다.

$$x_p(t) = \frac{f_{0s}}{\sqrt{(\omega_n^2 - \omega^2)^2 + (2\zeta\omega_n\omega)^2}} \sin(\omega t - \phi) \tag{3.59}$$

이제, 식(3.55)의 특수해 x_p는 다음과 같다.

$$\begin{aligned} x_p &= x_{pc} + x_{ps} \\ &= \frac{1}{\sqrt{(\omega_n^2 - \omega^2)^2 + (2\zeta\omega_n\omega)^2}} [f_{0c}\cos(\omega t - \phi) + f_{0s}\sin(\omega t - \phi)] \end{aligned} \tag{3.60}$$

위식을 사인 합성 공식을 이용해 합성하면 다음과 같이 된다.

$$x_p = \frac{\sqrt{f_{oc}^2 + f_{0s}^2}}{\sqrt{(\omega_n^2 - \omega^2)^2 + (2\zeta\omega_n\omega)^2}} \sin(\omega t - \phi + \psi) \tag{3.61}$$

여기서 위상 ψ는 다음과 같다.

$$\psi = \tan^{-1}\left(\frac{f_{0c}}{f_{0s}}\right) \tag{3.62}$$

식(3.61)에 $f_{0c} = 2\zeta\omega\omega_n Y$이고 $f_{0s} = \omega_n^2 Y$을 대입하고 정리하면 다음과 같이 정상상태 응답이 구해진다.

$$x_p = X\sin(\omega t - \phi + \psi) \tag{3.63}$$

여기서 정상상태 진폭 X는 다음과 같다.

$$X = \frac{Y\sqrt{(2\zeta\omega_n\omega)^2 + \omega_n^4}}{\sqrt{(\omega_n^2 - \omega^2)^2 + (2\zeta\omega_n\omega)^2}} \tag{3.64}$$

식(3.64)의 진폭을 그래프로 그리면 그림 3.10과 같다. 기계의 진폭 X는 바닥 진동수 ω가 고유진동수 ω_n에 근접할 때 커짐을 알 수 있으며, ω가 $\sqrt{2}\,\omega_n$가 커지면 기계 진폭 X는 바닥 진폭 Y보다 작게 됨을 알 수 있다. 예를 들어, 기계 고유진동수가 100rad/s인데 바닥 진동수가 141.4rad/s 보다 클 경우에만, 기계의 진폭이 바닥의 진폭 보다 작아지는 효과가 발생하게 된다.

만약, 스프링 강성을 그대로 두고 감쇠기의 감쇠계수를 작게 하면, 식(3.64)에 포함된 감쇠비 ζ가 작아져서 그림 3.11의 점선과 같이 곡선이 변경된다. 이 곡선을 살펴보면, 공진점 근처에서는 기계의 진폭이 줄어드는 것을 확인할 수 있으나, 바닥의 진동수가 $\sqrt{2}\omega_n$ 보다 큰 경우에는 기계의 진폭이 오히려 커짐을 알 수 있다. 이러한 사실로부터, 감쇠계수를 크게 한다고 해서 기계의 진폭이 줄어든다고 말할 수 없다는 것을 확인할 수 있다.

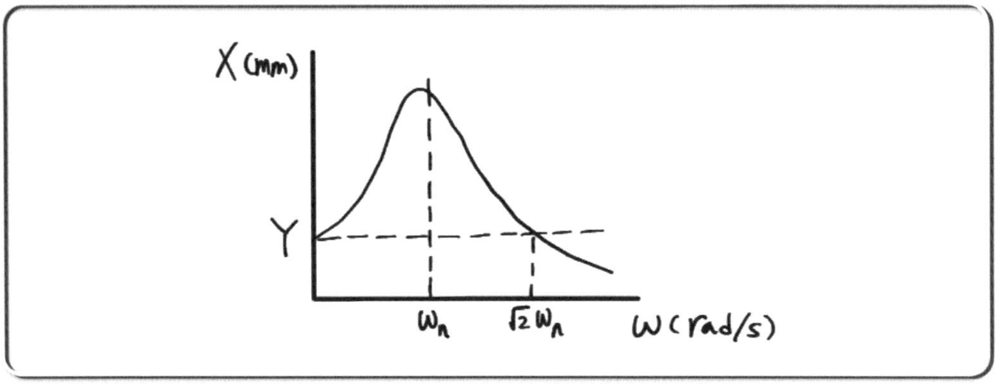

그림 3.10 정상 상태 응답의 진폭

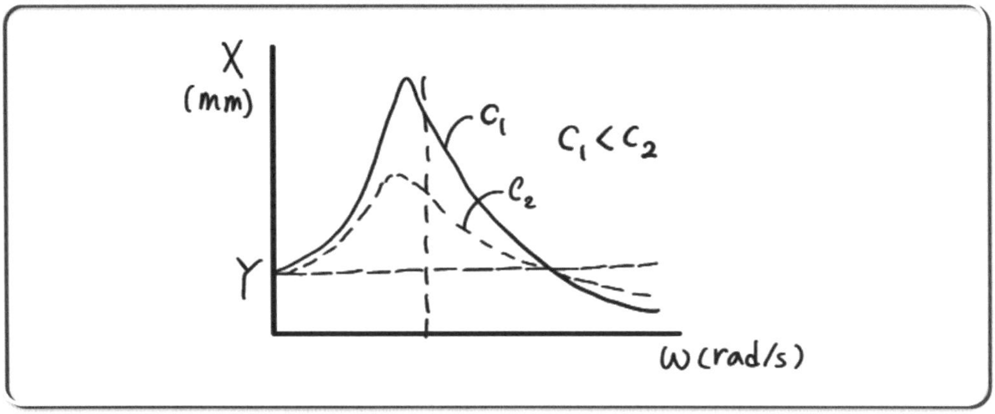

그림 3.11 감쇠비 또는 감쇠계수가 변할 경우 진폭

식(3.64)에서 바닥의 진폭 Y에 대한 질량의 진폭 X의 비에 해당하는 변위 전달률(displacement transmissibility) X/Y를 구하면 다음과 같다.

$$\frac{X}{Y}=\frac{\sqrt{(2\zeta\omega_n\omega)^2+\omega_n^4}}{\sqrt{(\omega_n^2-\omega^2)^2+(2\zeta\omega_n\omega)^2}} \tag{3.65}$$

변위 전달률은 바닥 위에 물체가 놓여 있을 때 바닥의 진동이 물체 쪽으로 얼마나 많이 전달되는 지를 판단할 수 있는 척도이다. 예를 들어 바닥의 진폭이 4mm인데, 물체의 진폭이 2mm이다면, 변위 전달률은 0.5가 된다. 결국 변위 전달률의 크기를 줄이는 방향으로 스프링과 감쇠기를 설계해야 한다는 것을 알 수 있다.

식(3.65)의 분모 분자를 동시에 고유진동수 ω_n^2으로 나누면, 식(3.65)는 진동수 비 $r=\omega/\omega_n$에 대한 식으로 다음과 같이 변형된다.

$$\frac{X}{Y}=\frac{\sqrt{(2\zeta r)^2+1}}{\sqrt{(1-r^2)^2+(2\zeta r)^2}} \tag{3.66}$$

위식을 진동수 비에 대하여 그래프로 그리면 변위 전달률 곡선은 그림 3.12와 같이 주어진다. 바닥 가진주파수 ω가 고유진동수 ω_n 보다 작은 저주파수 영역에서는 변위 전달률이 거의 1에 가까워짐을 알 수 있다. 이는 저주파수 영역에서는 바닥의 진동 변위가 물체로 그대로 전달됨을 의미한다. ω가 ω_n에 근접하는 공진 부근에서 변위 전달률이 매우 커지므로, 자동차 서스펜션 설계시 자동차의 고유진동수가 노면의 가진주파수에 근접하지 않도록 서스펜션 스프링 강성을 적절히 설계해야 한다.

그리고, 감쇠비 ζ와 상관없이 변위전달률 곡선은 $r=\sqrt{2}$, $X/Y=1$인 점을 항상 지남을 알 수 있다. 이러한 사실 때문에, 감쇠비를 증가시키다면 $r<\sqrt{2}$인 주파수 영역에서는 변위전달률은 작아지나 $r>\sqrt{2}$인 주파수 영역에서는 오히려 변위 전달률이 커지는 역효과가 발생하여 승차감이 나빠지게 된다. 예를 들어, 자동차의 고유진동수가 10Hz이고 노면의 가진주파수가 20Hz이다면, 진동수 비 $r=2$이므로 변위전달률 곡선에서 감쇠비를 크게 하면 오히려 변위전달률이 커짐을 알 수 있다.

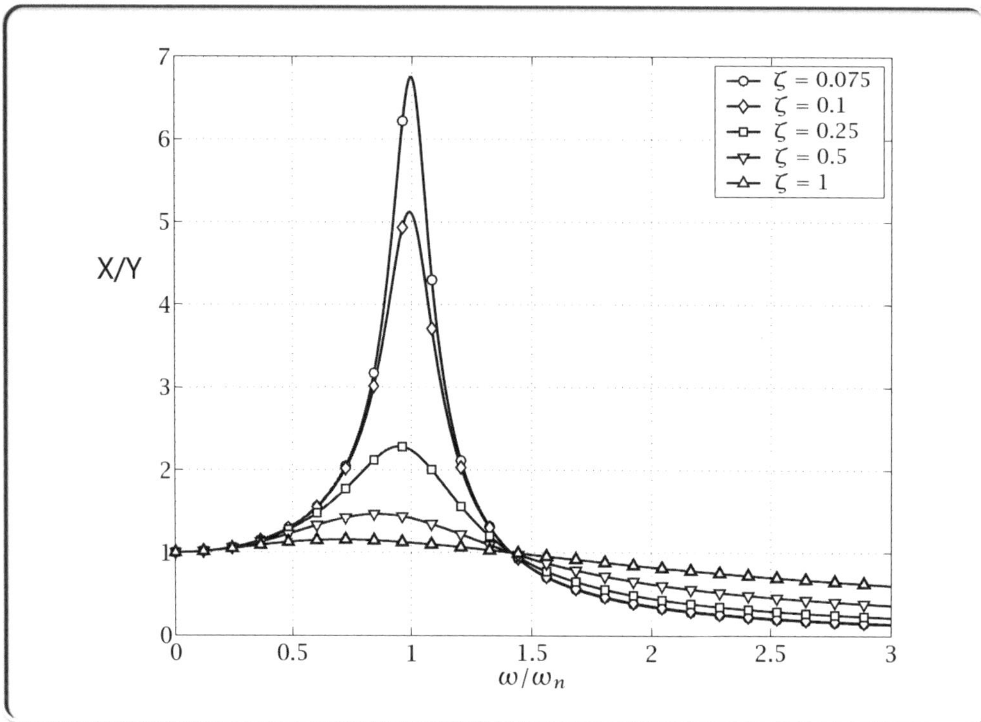

그림 3.12 변위 전달률

예제3.8 **자동차의 중량이 2000kg, 감쇠비가 0.3, 노면의 가진주파수가 25rad/s인 경우, 서스펜션 스프링 강성을 50N/mm와 200N/mm로 설계한 두 경우에 대해 변위 전달률을 계산하라.**

풀이 [경우1] 서스펜션 스프링 강성을 50N/mm로 설계했다면, 4개의 스프링이 병렬 연결되므로 스프링 상수는 $k=4\times50$

N/mm=200N/mm

=200000N/m이다. 고유진동수는 다음과 같이 구해진다.

$$\omega_n=\sqrt{\frac{200000}{2000}}=10\text{rad/s}$$

진동수 비는 $r=25/10=2.5$이므로, 변위전달률 곡선에서 변위전달률이 1보다 작아질 거라는 것을 예측할 수 있다. 실제 변위전달률 계산은 식(3.66)에 의해 다음과 같이 계산된다.

$$\frac{X}{Y}=\frac{\sqrt{(2\times0.3\times2.5)^2+1}}{\sqrt{(1-2.5^2)^2+(2\times0.3\times2.5)^2}}=0.33$$

위식으로부터 노면의 가진 진폭의 33%만이 차체로 전달된다고 말할 수 있다.

[경우2] 서스펜션 스프링 강성을 200N/mm로 설계했다면, 4개의 스프링이 병렬 연결되므로 스프링 상수는 $k=4\times200$N/mm=800N/mm =800000N/m이다. 고유진동수는 다음과 같이 구해진다.

$$\omega_n=\sqrt{\frac{800000}{2000}}=20\text{rad/s}$$

진동수 비는 $r=25/20=1.25$이므로, 변위전달률 곡선에서 변위전달률이 1보다 커질 거라는 것을 예측할 수 있다. 실제 변위전달률 계산은 식(3.66)에 의해 다음과 같이 계산된다.

$$\frac{X}{Y}=\frac{\sqrt{(2\times0.3\times1.25)^2+1}}{\sqrt{(1-1.25^2)^2+(2\times0.3\times1.25)^2}}=1.33$$

위식으로부터 노면의 가진 진폭이 증폭되어 133%가 차체로 전달되는 설계 오류가 발생했음을 알 수 있다.

예제3.9 **질량 10kg인 초정밀 기계가 강성이 250N/m인 스프링과 감쇠계수가 10kg·s인 감쇠기에 의해 지지되어 있다. 기계가 놓인 바닥의 진폭은 1.5mm이고 바닥의 진동수 15rad/s일 때, 기계의 진폭을 구하여라. 그리고 스프링 강성을 20% 증가시켰을 경우 기계의 진폭을 구하고, 바닥의 진동수에 대한 기계의 진폭 곡선을 스프링 강성 증가 전후에 대해 각각 그려라.**

풀이 기계의 고유진동수는 다음과 같이 계산된다.

$$\omega_n = \sqrt{\frac{250}{10}} = 5 \text{ rad/s}$$

스프링 강성이 250N/m인 경우, 감쇠비는 다음과 같이 구해진다.

$$\zeta = \frac{c}{2\sqrt{mk}} = \frac{10}{2\sqrt{10 \times 250}} = 0.1$$

식(3.64)를 이용하면 기계의 진폭 X는 다음과 같이 0.218mm로 구해진다.

$$X = \frac{Y\sqrt{(2\zeta\omega_n\omega)^2 + \omega_n^4}}{\sqrt{(\omega_n^2 - \omega^2)^2 + (2\zeta\omega_n\omega)^2}} = \frac{1.5\sqrt{(2\times 0.1\times 5\times 15)^2 + 5^4}}{\sqrt{(5^2 - 15^2)^2 + (2\times 0.1\times 5\times 15)^2}} = 0.218$$

만약 스프링 강성을 20% 증가한다면, 스프링 상수는 300N/m이 된다. 그러면 고유진동수와 감쇠비는 다음과 같이 구해진다.

$$\omega_n = \sqrt{\frac{300}{10}} = 5.48 \text{ rad/s}$$

$$\zeta = \frac{c}{2\sqrt{mk}} = \frac{10}{2\sqrt{10 \times 300}} = 0.09$$

식(3.64)에 의해 진폭은 다음과 같이 0.223mm로 계산된다.

$$X = \frac{1.5\sqrt{(2\times 0.09\times 5.48\times 15)^2 + 5^4}}{\sqrt{(5.48^2 - 15^2)^2 + (2\times 0.09\times 5.48\times 15)^2}} = 0.223$$

강성을 20% 증가시킬 경우 진폭이 약간 증가하는 것을 확인할 수 있다. 스프링 강성 증가 전후의 진폭 곡선은 그림 e3.9.1과 같이 주어진다.

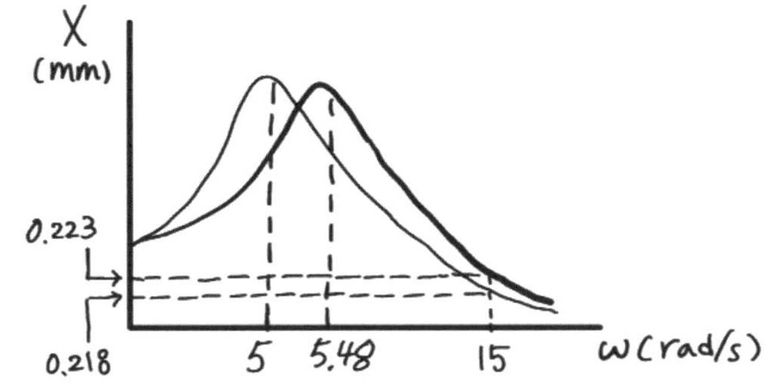

그림 e3.9.1 정상상태 응답의 진폭

다음으로, 바닥의 진동에 의해 기계로 전달되는 힘을 구해보자. 그림3.9의 자유물체도를 다시 고려하면, 질량 m에 가해지는 힘 F_T는 스프링 힘, 감쇠기 힘, 중력의 합인 것을 알 수 있다. 즉,

$$F_T = -k(x-\delta_s-y)-c(\dot{x}-\dot{y})-mg \tag{3.67}$$

위식에 식(3.49)를 적용하면 다음과 같이 간단히 된다.

$$F_T = m\ddot{x} \approx m\ddot{x}_p \tag{3.68}$$

위식에서 시간이 어느 정도 지나서 과도응답 x_h가 거의 0에 수렴해서 $x_h=0$으로 가정 했다. 식(3.68)에 식(3.63)을 대입하면 다음을 구할 수 있다.

$$F_T = -m\omega^2 X \sin(\omega t-\phi+\psi) \tag{3.69}$$

여기서 X는 식(3.64)에 의해 주어진다. 위식에서 $\sin(\omega t-\phi+\psi)$의 최대값이 1이므로 F_T의 최대값은 다음과 같다.

$$(F_T)_{\max} = m\omega^2 X = kr^2 X \tag{3.70}$$

위식에 식(3.67)을 적용하면 다음과 같은 식을 얻을 수 있다.

$$(F_T)_{\max} = \frac{kr^2 Y\sqrt{(2\zeta r)^2+1}}{\sqrt{(1-r^2)^2+(2\zeta r)^2}} \tag{3.71}$$

위식의 좌변은 다음과 같이 무차원화될 수 있다.

$$\frac{(F_T)_{\max}}{kY} = \frac{r^2\sqrt{(2\zeta r)^2+1}}{\sqrt{(1-r^2)^2+(2\zeta r)^2}} \tag{3.72}$$

식(3.71)은 그림 3.13과 같이 그래프로 그려지며, 변위 전달률과 마찬가지로 공진 근처에서 힘 전달률이 커짐을 알 수 있다. 그리고 바닥 진동수가 고유진동수의 $\sqrt{2}$ 배 보다 큰 경우에는 감쇠비가 커지면 오히려 힘 전달률이 커지는 현상이 발생함을 알 수 있다.

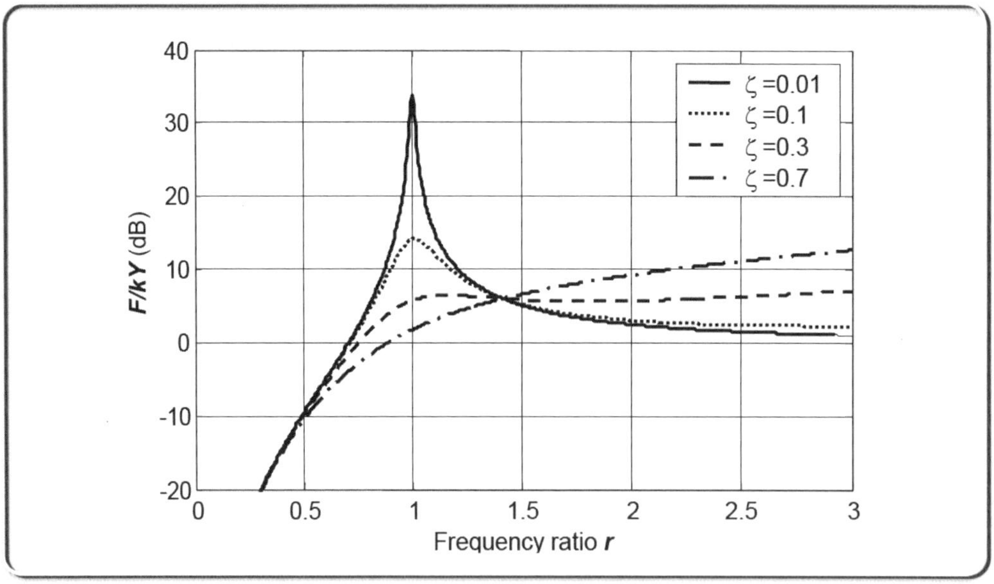

그림 3.13 힘전달률 곡선

3.6 고정된 바닥으로 전달되는 힘 전달률

앞의 3.5절에서는 바닥의 진동이 기계 쪽으로 전달되는 변위 전달률과 힘 전달률를 고찰하였다. 본 절에서는 심하게 진동하는 기계가 고정된 바닥에 스프링과 감쇠기에 의해 지지되어 있을 경우, 기계의 진동이 바닥으로 전달되는 힘 전달률을 구해 보고자 한다. 참고로 바닥이 고정되었다고 가정했으므로, 변위 전달률은 고찰 대상이 아니다.

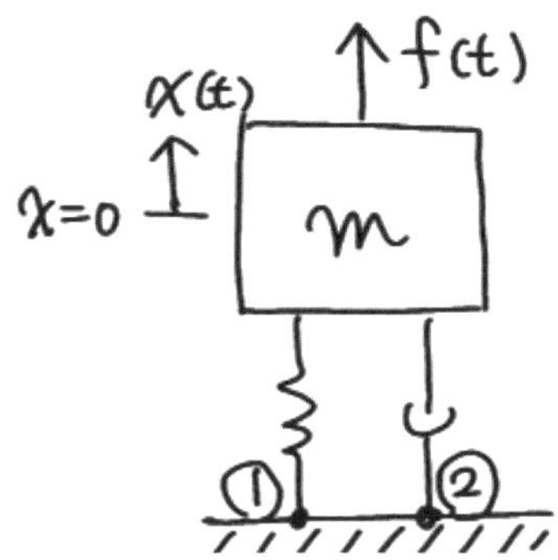

그림 3.14 바닥으로 전달되는 힘

그림3.14와 같이 기계에 조화가진력 $f(t) = F_0 \cos\omega t$이 작용할 때, 자유물체도는 그림 3.15와 같다.

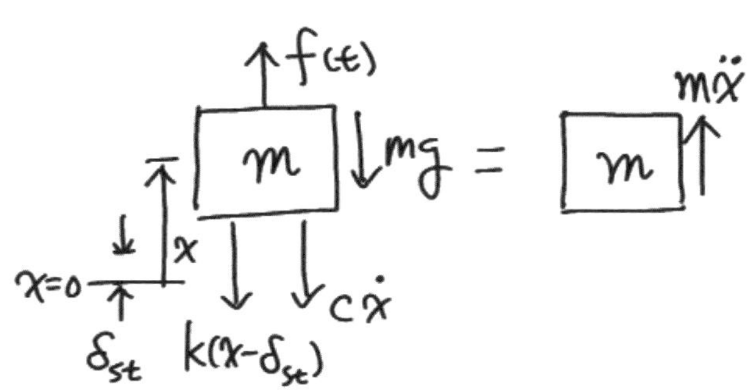

그림 3.15 자유물체도

그림3.15의 자유물체도에 대해 뉴턴2법칙 $\sum F = ma$을 적용하면 다음의 식이 얻어진다.

$$-mg - c\dot{x} - k(x - \delta_s) + f(t) = m\ddot{x} \tag{3.73}$$

위식에서 $mg = k\delta_s$가 성립하므로 다음과 같이 정리될 수 있다.

$$m\ddot{x} + c\dot{x} + kx = F_0 \cos\omega t \tag{3.74}$$

위식에서 F_0는 편심 질량을 가진 회전기계에서는 $F_0 = m_0 e\omega^2$이 된다.

위식의 양변을 질량 m으로 나눈 후, 정상상태 응답을 구하면 3.3절의 식(3.35)와 같이 구해진다.

$$x_p(t) = X\cos(\omega t - \theta)) \tag{3.75}$$

여기서

$$X = \frac{f_0}{\sqrt{(\omega_n^2 - \omega^2)^2 + (2\zeta\omega_n\omega)^2}} \tag{3.76}$$

스프링과 감쇠기를 거쳐 바닥으로 전달되는 전달력은 그림3.14의 지점①과 지점②에 각각 가해지는 스프링력과 감쇠력의 합으로 다음과 같이 구해진다.

$$F_T = kx + c\dot{x} \tag{3.77}$$

참고로, 위식에서 δ_{st}는 자중에 의해 상쇄되므로 생략하였다. 위식에 식(3.77)에 식(3.75)를 대입하면,

$$F_T = kX\cos(\omega t - \theta) - c\omega X\sin(\omega t - \theta) \tag{3.78}$$

위식을 사인합성을 하면,

$$F_T = X\sqrt{k^2 + (c\omega)^2}\,\sin(\omega t - \theta + \psi) \tag{3.79}$$

위식에서 바닥으로 전달되는 전달력의 최대값은 다음과 같다.

$$(F_T)_{\max} = X\sqrt{k^2 + (c\omega)^2} \tag{3.80}$$

위식에 식(3.76)을 대입하면,

$$(F_T)_{\max} = \frac{f_0\sqrt{k^2+(c\omega)^2}}{\sqrt{(\omega_n^2-\omega^2)^2+(2\zeta\omega_n\omega)^2}} \tag{3.81}$$

$f_0 = F_0/m$을 위식에 대입하고 정리하면, 힘 전달률 TR은 다음과 같이 구해진다.

$$TR = \frac{(F_T)_{\max}}{F_0} = \frac{\sqrt{\omega_n^4+(2\zeta\omega_n\omega)^2}}{\sqrt{(\omega_n^2-\omega^2)^2+(2\zeta\omega_n\omega)^2}} \tag{3.82}$$

위식에서 구한 힘 전달률은 질량에 가해지는 힘의 최대값에 대한 바닥으로 전달되는 힘의 최대값의 비를 의미한다. 위식을 진동수 비로 무차원화하면 다음과 같이 변형될 수 있다.

$$\frac{(F_T)_{\max}}{F_0} = \frac{\sqrt{1+(2\zeta r)^2}}{\sqrt{(1-r^2)^2+(2\zeta r)^2}} \tag{3.83}$$

위의 힘 전달률 식은 식(3.66)의 변위 전달률과 같은 식의 형태를 가짐을 알 수 있다. 식(3.82)를 그래프로 그리면 그림3.16과 같다. 힘전달률 곡선(실선)에서 가진력의 가진주파수 ω가 고유진동수 ω_n와 비슷한 영역에서 힘전달률이 1 보다 훨씬 커져서 가진력보다 더 큰 힘이 바닥으로 전달됨을 확인 할 수 있다. 반면에 $\omega > \sqrt{2}\,\omega_n$인 경우 힘전달률이 1보다 작아짐을 알수 있다. 그래서 스프링 강성 k를 설계할 때에는 고유진동수 $\omega_n = \sqrt{k/m}$이 $\omega > \sqrt{2}\,\omega_n$을 만족하도록 설계해야만 바닥으로 전달되는 힘이 가진력 보다 작게 되도록 할 수 있다.

그림 3.16에서 감쇠비를 크게 하면 힘전달률 곡선이 실선에서 점선으로 바뀌게 된다. 이럴 경우 $\omega < \sqrt{2}\,\omega_n$일 때는 힘전달률이 감소하나 $\omega > \sqrt{2}\,\omega_n$일 때는 오히려 힘전달률이 커짐을 확인할 수 있다. 참고로, 식(3.83)을 그래프로 그리면 그림3.17과 같이 되며 그래프의 형태는 그림3.16과 같음을 알 수 있다.

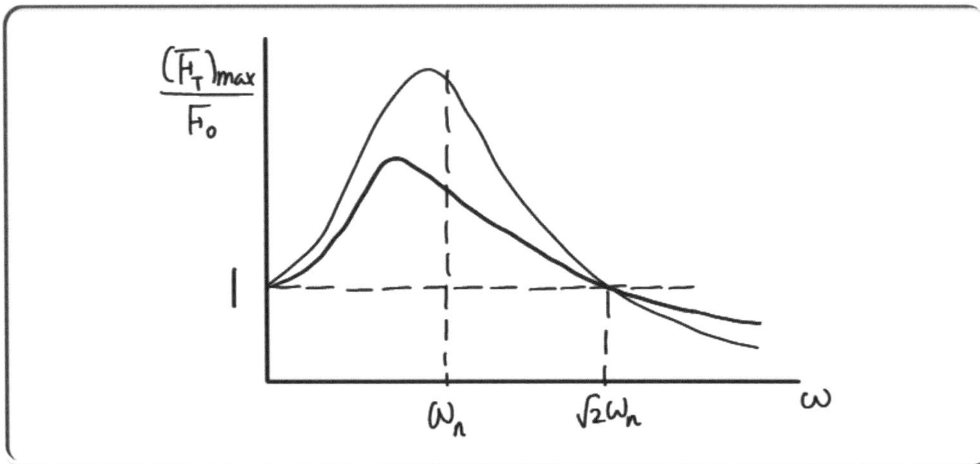

그림3.16 가진주파수에 대한 힘 전달률 곡선

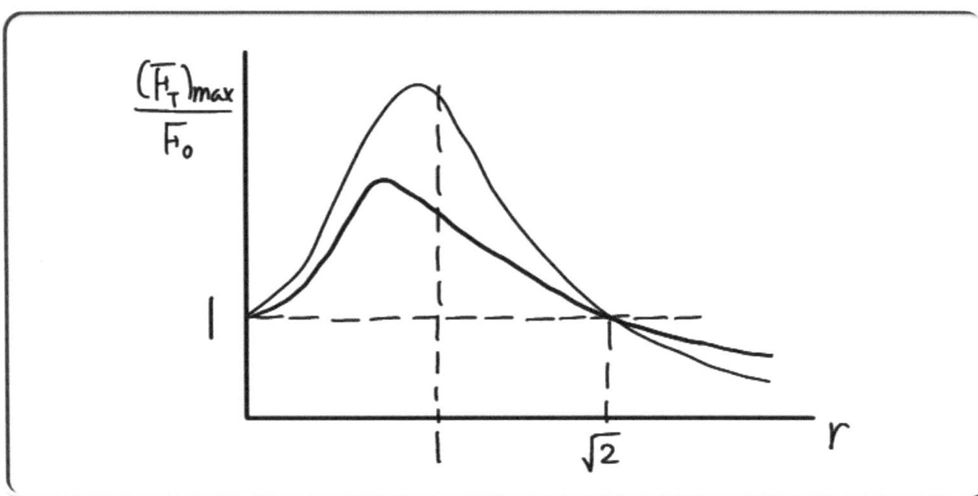

그림3.17 진동수 비에 대한 힘전달률 곡선

예제3.9 75kg의 회전기계가 스프링 강성 11.76×10^5N/m인 스프링과 감쇠비가 0.2인 감쇠기에 의해 지지되어 있다. 편심질량 2kg이 편심반경 0.04m로 3000rpm으로 회전하고 있을 때, 바닥으로 전달되는 최대 힘과 힘 전달률 TR을 계산하라.

풀이 식(3.83)은 다음과 같이 변형하여 전달되는 힘의 최대값 $(F_T)_{\max}$를 구하자.

$$(F_T)_{\max} = F_0 \frac{\sqrt{1+(2\zeta r)^2}}{\sqrt{(1-r^2)^2+(2\zeta r)^2}} \tag{e3.9.1}$$

회전속도가 3000rpm이므로 가진주파수는 rad/s 단위로 다음과 같이 환산된다.

$$\omega = 2\pi \frac{3000}{60} = 314.16 \text{ rad/s}$$

고유진동수는

$$\omega_n = \sqrt{\frac{11.76 \times 10^5}{75}} = 125 \text{ rad/s}$$

진동수비 r은 다음과 같이 구해진다.

$$r = \frac{314.16}{125} = 2.51$$

가진력(원심력)의 최대값은

$$F_0 = m_0 e \omega^2 = 2 \times 0.04 \times 314.16^2 = 7900\text{N}$$

위에서 계산한 값들을 식(e3.9.1)에 대입하면

$$(F_T)_{\max} = 7900 \frac{\sqrt{1+(2\times 0.2 \times 2.51)^2}}{\sqrt{(1-2.51^2)^2+(2\times 0.2\times 2.51)^2}} = 2078\text{ N}$$

힘 전달률은

$$TR = \frac{2078}{7900} = 0.263$$

위의 결과로부터, 기계에서 발생한 힘의 26.3% 만이 바닥으로 전달된다는 것을 알 수 있다.

3장 연습문제

01 스프링상수 1000N/m, 질량 10kg인 1자유도 질량-스프링 진동계에 가진력 $100\cos 8t$N이 작용하고 있다, 초기조건이 $x_0 = 2$cm, $v_0 = 2$cm/s일 때, 변위 응답을 구하여라.

02 정지상태에 있는 질량에 그림과 같이 조화가진력을 가했을 경우 변위 응답을 구하여라. (단, $m = 10$kg, $k = 90$N/m, $\theta_0 = 30°$)

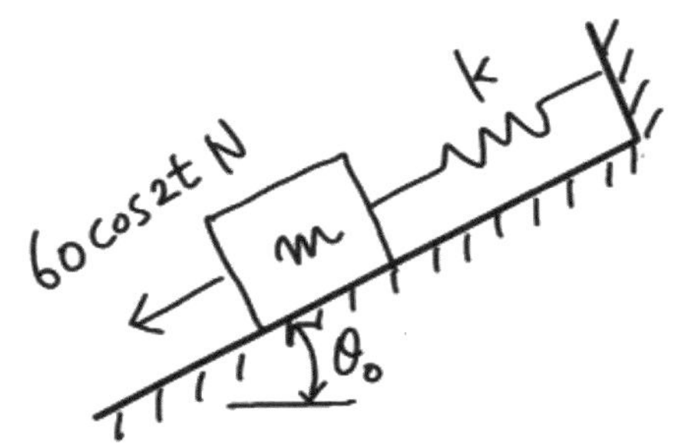

03 질량이 2kg인 기계 부품이 점성 액체 속에서 진동하고 있다. 최대 힘의 크기가 20N인 조화 가진력이 작용하여 공진 진폭이 1.4cm이고 주기가 0.2초인 진동이 발생한다고 한다. 감쇠 계수를 구하여라.

04 식(3.32)를 미분하여 극대값이 되게하는 가진주파수 ω 값을 찾는 방법에 의해, 그림과 같이 공진주파수가 $\omega_r = \omega_n \sqrt{1-2\zeta^2}$ 이 됨을 증명하라.

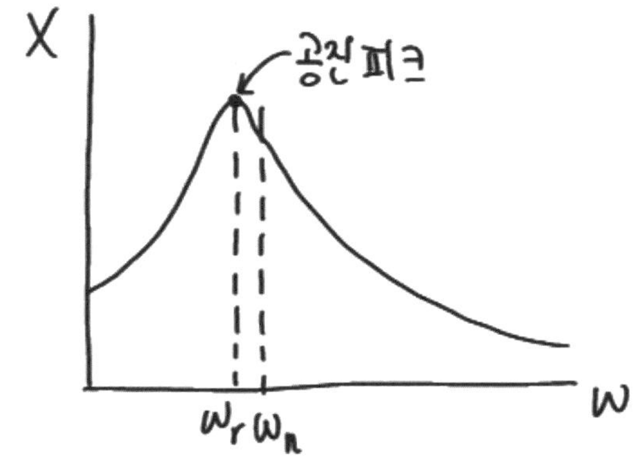

05 그림과 같이 도로 위를 속력 v_d로 달리는 자동차를 1자유도 질량-스프링 진동계로 모델링하였다. 도로 형상은 진폭 Y, 파장 L의 사인파 함수로 가정할 수 있다. 이 모델은 그림3.14와 같은 바닥 가진 모델과 같다. 운전자의 승차감이 제일 안좋은 자동차 속력(임계 속력)을 구하여라.

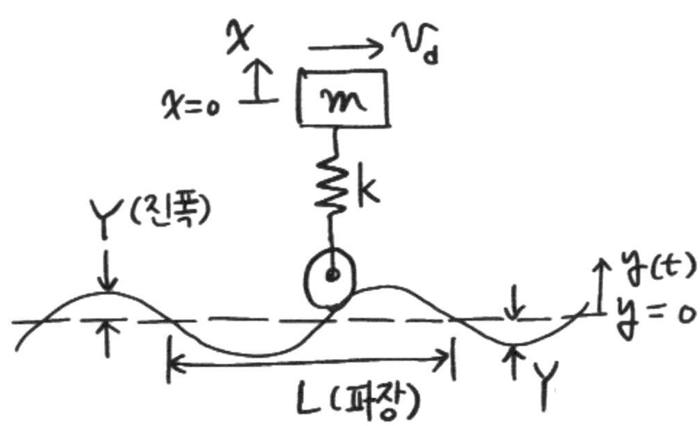

06 자동차의 서스펜션 스프링이 자중에 의해 10.2cm 압축되었다. 자동차가 진폭 7.2cm, 파장 12.6m인 사인파 형상 도로를 주행하고 있을 때 임계 속력을 구하여라. 그리고, 60km/h 속력으로 주행 중일 때의 자동차 진폭은 얼마인지 계산하라.

07 질량 500kg의 대형 산업기계를 바닥에 스프링으로 지지했을때 정적 처짐 0.51cm가 발생하였다. 만일 기계가 0.24kg · m의 회전 불평형량을 가진다면(즉, $m_e e = 0.24$), 1200pm에서 바닥에 전달되는 힘과 기계 진폭을 구하라. (단, 감쇠는 무시하라.)

08 피아노 페달을 그림과 같이 모델링하였다. $m = 20$kg, $c = 24$kg/s, $k = 1800$N/m, $f(t) = 45\cos 2\pi t$N일 때, 미소진동으로 가정하고 정상상태 응답을 계산하라. (단, 수평 막대의 질량은 무시하라.)

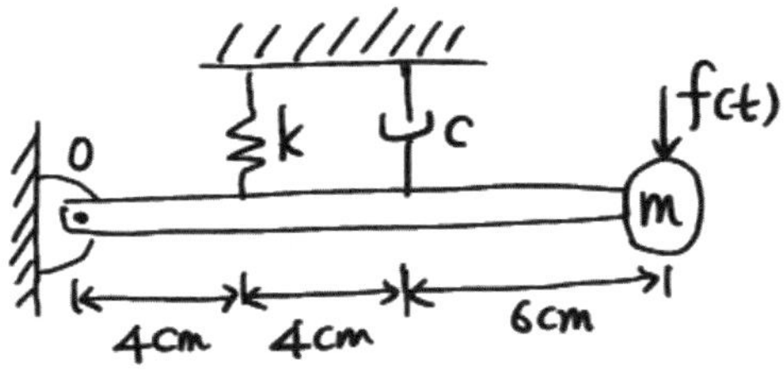

09 그림 3.8의 바닥 가진 모델에서 진동수비 $r = 2$인 경우에 변위 전달률을 0.55 이내로 유지하기 위한 최대 감쇠비를 구하고, 최대 감쇠비에 대한 힘전달률도 계산하라.

10 불균형 질량에 의해 조화력이 발생하는 40kg의 회전기계가 있다. 이 기계 바닥으로 전달되는 힘을 최소화하기 위해 바닥과 기계 사이에 스프링과 감쇠기를 설치하였다. 감쇠비가 0.20이고 회전 속도가 9000rpm일 때, 바닥으로 전달되는 힘이 10% 이하가 되도록 하기위한 스프링 강성을 설계하라.

11 불균형 질량이 존재하는 115kg의 회전 기계를 900kN/m 강성을 가지는 스프링과 600kg/s 감쇠계수를 가지는 감쇠기로 지지하였다. 3000rpm 회전 속도에서 불균형력의 최대값(진폭)은 360N으로 측정되었을 경우, (a) 기계 진동 변위의 진폭을 구하고 (b) 편심 질량이 전체 질량의 2%인 경우 회전 중심에 대한 편심 질량의 회전 반경을 계산하라.

12 그림은 1층 건물을 간단하게 모델링 한 것이다. 지진에 의해 지반이 수평으로 가속도 $\ddot{x}_g = A\cos\omega t$로 흔들릴 때, 지붕의 수평 변위에 대한 정상상태 응답을 구하여라. 단, 건물 기둥의 수평 방향 강성은 그림과 같이 $k/2$이고, $x_g(0)=0$, $\dot{x}_g(0)=0$로 가정한다.

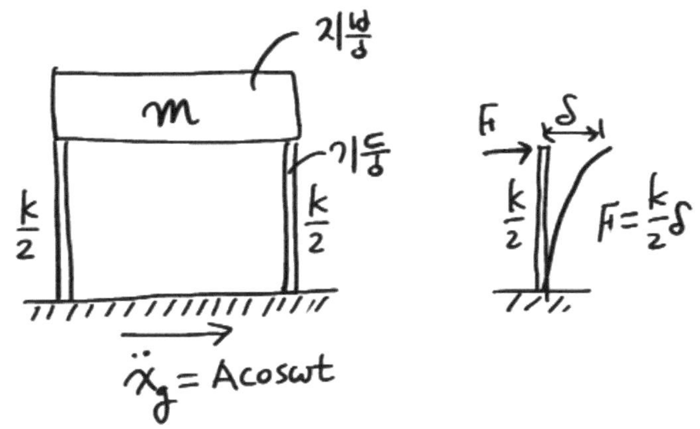

13 문제 12에서 $m=2000$kg, $k=100$kN/m, $\omega=25$rad/s, $A=100$mm/s^2, 지반과 지붕의 초기위치와 초기 속도가 둘다 0일 때, 지붕의 정상상태 응답을 구하여라.

14 바닥 가진 모델에서, $m = 100$kg, $k = 10$kN/m, 감쇠비는 0.2, 바닥의 진동수는 20rad/s인 경우, (a) 감쇠비를 두배로 증가시키면 정상상태 진폭 X는 몇배가 되는지 계산하라. (b) 스프링 강성을 두배 증가 시키면 정상상태 진폭 X는 몇배가 되는지 계산하라.

15 바닥 가진 모델에서, $m = 100$kg, $k = 10$kN/m, 감쇠비는 0.2, 바닥의 진동수는 12rad/s인 경우, (a) 감쇠비를 두배로 증가시키면 정상상태 진폭 X는 몇배가 되는지 계산하라. (b) 스프링 강성을 두배 증가 시키면 정상상태 진폭 X는 몇배가 되는지 계산하라.

16 바닥 가진 모델에서, $m = 100$kg, $k = 10$kN/m, 바닥의 진동수는 20rad/s, 바닥의 진폭이 2mm인 경우, 정상상태 진폭 X가 1mm 이하가 되기 위한 감쇠계수의 범위를 계산하라.

17 바닥 가진 모델에서, $m = 100$kg, 감쇠비는 0.2, 바닥의 진동수는 20rad/s, 바닥의 진폭이 2mm인 경우, 정상상태 진폭 X가 1mm 이하가 되기 위한 스프링 강성의 범위를 계산하라.

18 그림과 같이 양쪽이 고정된 길이 5m 철재 빔의 가운데에 모터가 고정되어 있다. 모터의 무게는 80kg, 회전속도는 1200rpm, 모터 내부 불평형에 의한 불평형력 F_0는 5000N이다. 빔의 질량은 무시하고 모터의 수직 방향 정상상태 진폭을 구하라. 그리고 만약 빔의 질량을 고려한다면 정상상태 진폭은 어떻게 되겠는가? (단, 빔의 폭은 50cm, 두께는 10cm이다.)

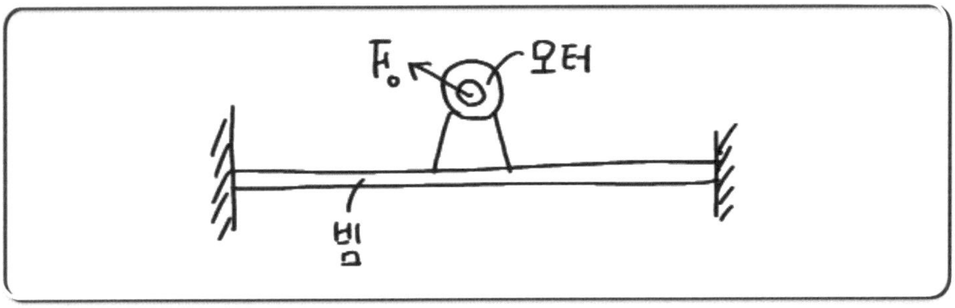

19 문제 18과 같은 길이의 철재 빔의 맨 끝에 모터를 그림과 같이 설치하였다. 모터의 수직 방향 정상상태 진폭을 구하라.

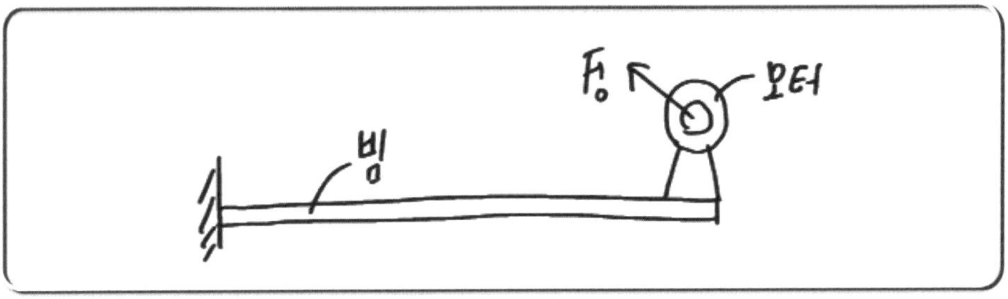

20 진동수가 180rpm이고 크기가 30N인 조화가진력이 질량 40kg 기계에 작용하고 있다. 기계에 가해진 힘의 20%만이 지반으로 전달되도록 스프링 강성과 감쇠계수를 설계하라.

PART 04

일반 가진에 의한 1자유도 시스템의 강제진동 응답

학부 기계 진동학

PART 04 일반 가진에 의한 1자유도 시스템의 강제진동 응답

3장에서는 조화가진력이 시스템에 주어졌을 경우의 응답을 구하는 방법에 대해 기술하였다. 본 장에서는 가진력이 임의 형태를 가지는 경우에 대한 응답을 구하는 방법에 대해 기술한다.

4.1 충격력에 의한 변위 응답

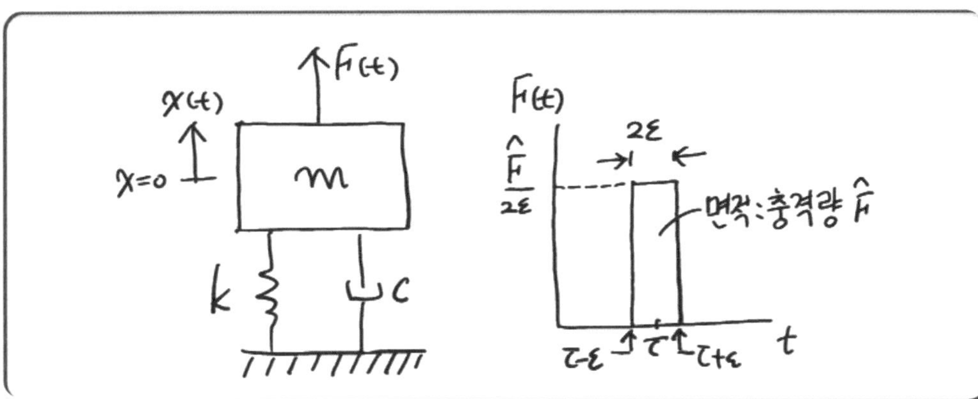

그림 4.1 충격력을 받고 있는 일자유도 진동계

질량 m에 그림4.1과 같은 충격력 $F(t)$가 시간 $t=\tau$일 때 가해졌을 때 변위 응답 $x(t)$를 구해보자. 질량에 대한 운동방정식은 다음과 같다.

$$m\ddot{x}+c\dot{x}+kx=F(t) \tag{4.1}$$

위식의 해는 제차해와 특수해의 합인 $x=x_h+x_p$이다. 제차해 x_h는 2장에서 구한 식을 사용하면 된다. 본 절에서는 식(4.1)의 특수해 x_p를 구하는 과정에 대해 고찰하고자 한다. 아주 짧은 시간 동안 힘(충격력)이 가해지므로, 충격력에 의한 응답 x_p는 외력이 존재하지 않는 상태에서 발생한다. 그래서 x_p는 응답이 시작되는 시간 $t=\tau+\epsilon$에서의 변위와 속도를 구해서 자유응답(x_h)을 구하는 방법으로 구하면 된다.

먼저 충격력이 가해진 직후 시간 $t=\tau+\epsilon$에서 속도를 구하기 위해 충력량과 운동량 법칙을 다음과 같이 고려하자.

$$F(t)\Delta t=\Delta(mv) \tag{4.2}$$

위식에서 충격량은 $F(t)\Delta t=\hat{F}$이 성립하고 충격력 전후의 속도를 각각 $v_{\tau-\epsilon}$와 $v_{\tau+\epsilon}$라 하면, 식(4.2)는 다음과 같이 된다.

$$\hat{F}=m(v_{\tau+\epsilon}-v_{\tau-\epsilon}) \tag{4.3}$$

질량이 정지 상태에서 충격력을 받았으므로, $v_{\tau-\epsilon}=0$이므로 위식에서 충돌 직후의 속도는 다음과 같이 구해진다.

$$v_{\tau+\epsilon}=\frac{\hat{F}}{m} \tag{4.4}$$

질량에 대한 속도-시간 그래프는 그림4.2와 같이 나타낼 수 있다. 충격력이 가해진 직후의 변위와 속도 관계식은 다음과 같다.

$$x_{\tau+\epsilon}-x_{\tau-\epsilon}=\int_{\tau-\epsilon}^{\tau+\epsilon}v(t)dt \tag{4.5}$$

질량의 초기 위치가 0이므로 위식에서 $x_{\tau-\epsilon}=0$이 성립하고, 우변의 속도 적분식은 그림4.2에서 삼각형 면적에 해당한다. 그래서 위식은 다음과 같이 된다.

$$x_{\tau+\epsilon}=\frac{1}{2}(2\epsilon)\frac{\hat{F}}{m}=\epsilon\frac{\hat{F}}{m} \tag{4.6}$$

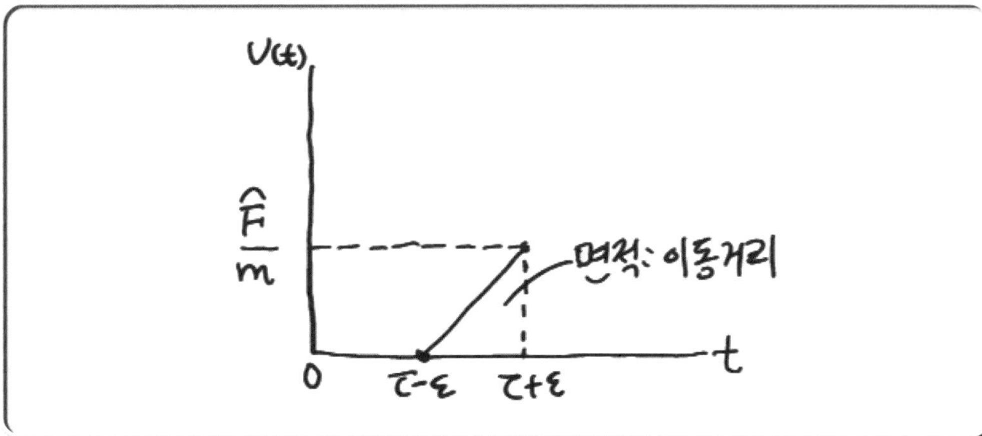

그림 4.2 속도-시간 그래프

충격력은 아주 짧은 작용하므로 그림4.1의 $F(t)$선도에서 $\epsilon \to 0$을 적용하면, $F(t)$는 그림 4.3과 같이 Direc Delta 함수 $\delta(t-\tau)$를 이용하여 $F(t)=\hat{F}\delta(t-\tau)$로 나타낼 수 있다. 참고로 $\delta(t-\tau)$는 다음의 성질을 만족한다.

$$\delta(t-\tau)=\begin{cases}\infty\ , & t=\tau \\ 0\ , & t\neq\tau\end{cases} \tag{4.7}$$

$$\int_{-\infty}^{+\infty}\delta(t-\tau)dt=1 \tag{4.8}$$

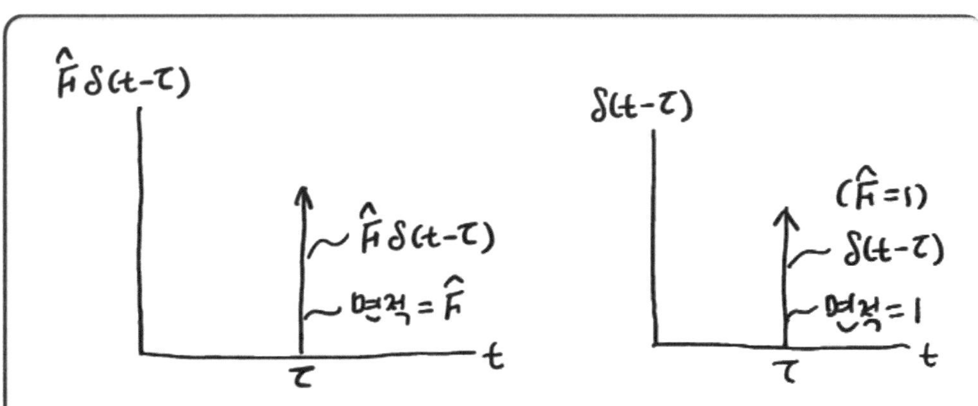

(a) 충격력 $\hat{F}\delta(t-\tau)$ (b) Direc Delta 함수 $1\delta(t-\tau)$

그림 4.3 Direc Delta 함수 $\delta(t-\tau)$로 표현된 충격력 $F(t)=\hat{F}\delta(t-\tau)$

결국, $\epsilon \to 0$인 경우에 $F(t) = \hat{F}\delta(t-\tau)$이 되므로, 식(4.1)의 운동방정식은 다음과 같이 된다.

$$m\ddot{x} + c\dot{x} + kx = \hat{F}\delta(t-\tau) \tag{4.9}$$

그리고 $\epsilon \to 0$인 경우에 식(4.4)와 식(4.6)에서 구한 속도와 변위는 다음과 같이 구해진다.

$$v(\tau) = \lim_{\epsilon \to 0} v_{\tau+\epsilon} = \lim_{\epsilon \to 0} \frac{\hat{F}}{m} = \frac{\hat{F}}{m} \tag{4.10}$$

$$x(\tau) = \lim_{\epsilon \to 0} x_{\tau+\epsilon} = \lim_{\epsilon \to 0} \epsilon \frac{\hat{F}}{m} = 0 \tag{4.11}$$

앞에서 이미 설명한 바와 같이, 식(4.9)의 특수해 x_p는 자유진동해 식(2.35)와 같은 형태로 다음과 같이 가정한다.

$$x_p(t) = \begin{cases} 0 & , t \le \tau \\ Ae^{-\zeta\omega_n(t-\tau)} \sin(\omega_d(t-\tau)+\phi)0 & , t > \tau \end{cases} \tag{4.12}$$

위식은 충격력이 가해지기 전인 시간 영역 $t \le \tau$에서는 $x_p = 0$이다. 위식을 그래프로 나타내면 그림4.4와 같다.

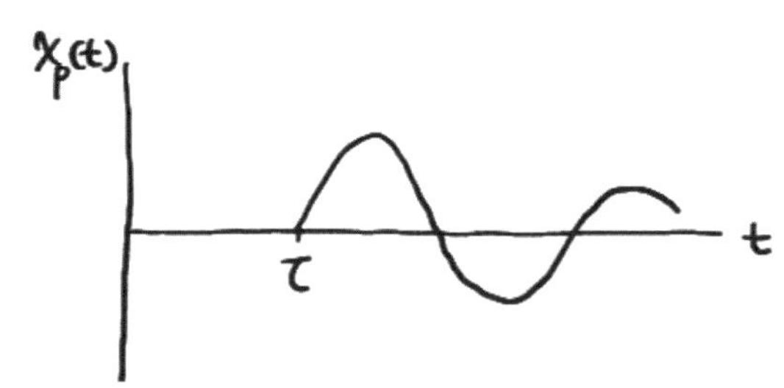

그림4.4 $t = \tau$에서의 충격력에 의한 변위 응답 x_p

식(4.12)에서 미지수 A와 ϕ는 초기조건 식(4.10)과 식(4.11)을 적용하면 구할 수 있다. 먼저 초기 위치 조건인 식(4.11)을 식(4.12)에 적용하면, 다음을 얻을 수 있다.

$$A\sin\phi = 0$$
$$\phi = 0 \tag{4.13}$$

초기 속도 조건인 식(4.10)을 식(4.12)에 적용하기 위하여 식(4.12)를 미분하자. 그러면

$$\begin{aligned}\dot{x}_p(t) =& -\zeta\omega_n A e^{-\zeta\omega_n(t-\tau)}\sin(\omega_d(t-\tau)+\phi) \\ &+\omega_d A e^{-\zeta\omega_n(t-\tau)}\cos(\omega_d(t-\tau)+\phi)\end{aligned} \tag{4.14}$$

식(4.10)을 식(4.14)에 적용하면,

$$-\zeta\omega_n Asin\phi + \omega_d Acos\phi = \hat{F}/m$$

식(4.13)에서 $\phi = 0$ 이므로, 위식은 다음과 같이 된다.

$$A = \frac{\hat{F}}{m\omega_d} \tag{4.15}$$

식(4.13)과 식(4.15)를 식(4.12)에 대입하면, 다음과 같이 x_p를 구할 수 있다.

$$x_p(t) = \begin{cases} 0 & , t \le \tau \\ \dfrac{\hat{F}}{m\omega_d} e^{-\zeta\omega_n(t-\tau)}\sin\omega_d(t-\tau) & , t > \tau \end{cases} \tag{4.16}$$

전술한 바와 같이, 그림 4.1의 질량에 시간 $t = \tau$일 때 충격력 $F(t) = \hat{F}\delta(t-\tau)$을 가하면, 변위 응답 $x(t)$는 운동방정식 식(4.9)의 해 $x = x_h + x_p$이다. $x = x_h + x_p$에서 x_p는 식(4.16)에 의해 주어지며, x_h는 식(2.35)에 의해 다음과 같이 주어지며 그래프로 나타내면 그림4.5와 같다.

$$x_h(t) = Ae^{-\zeta\omega_n t}\sin(\omega_d t + \phi) \tag{4.17}$$

식(4.17)은 사인합성 공식에 의해 다음과 같이 나타낼 수도 있다.

$$x_h(t) = e^{-\zeta\omega_n t}(A\sin\omega_d t + B\cos\omega_d t) \tag{4.18}$$

위식에서 미지수는 초기조건 $x_h(0)=x_0$와 $\dot{x}(0)=v_0$를 위식에 적용해서 구하면 된다.

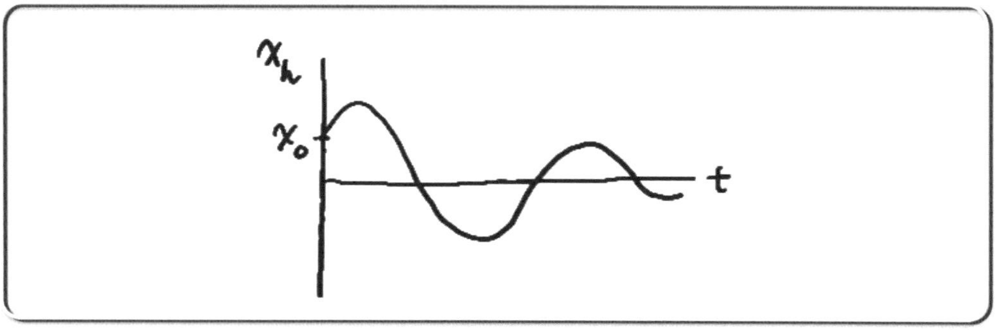

그림4.5 $t=0$에서 시작한 자유진동응답 x_h

변위 응답 $x(t)$는 그림4.4와 그림 4.5의 합인 $x=x_h+x_p$이므로 다음과 같이 된다.

$$x(t)=\begin{cases} x_h & ,t\le\tau \\ x_h+x_p & ,t>\tau \end{cases} \tag{4.19}$$

예제4.1 그림과 같이 건물 옥상 위에 3kg인 감시 카메라가 기둥 위에 세워져 있다. 1kg인 새가 72km/h의 속도로 카메라와 부딪힐 때 카메라의 진폭이 최대 허용 진폭 1cm 이내인지 확인하라. 기둥의 단면적은 한변의 길이가 0.02m인 정사각형이고, 길이는 5.5m이며, 탄성계수는 E는 7.1×1010N/m^{2}이다. 새가 카메라와 충돌 후에는 밑으로 떨어진다고 가정하라.

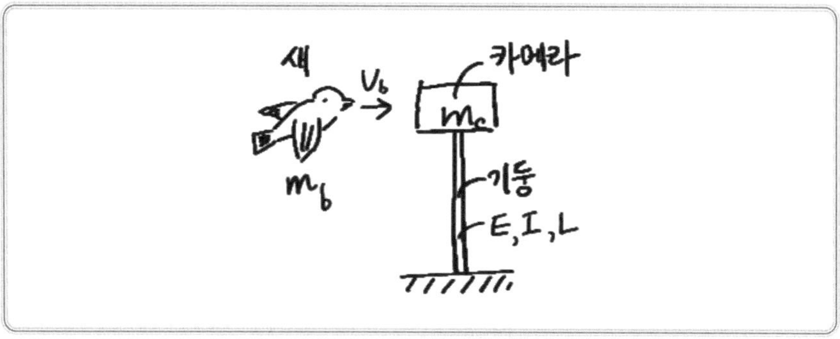

그림 e4.1.1 새와 카메라의 충돌

풀이 완전 소성 충돌이므로, 충돌 전후의 수평 방향으로 운동량 보존 법칙은 다음과 같다.

$$m_c v_c + m_b v_b = m_c v'_c + m_b v'_b \tag{e4.1.1}$$

여기서 아래첨자 c는 카메라(camera)를 뜻하며, b는 새(bird)를 뜻한다. 충돌 전에 카메라는 정지 상태이므로 $v_c = 0$이며, 충돌 직후에는 새의 수평방향 속도는 없으므로 $v'_b = 0$이다. 그래서 식(e4.1.1)은 다음과 같이 된다.

$$m_b v_b = m_c v'_c \tag{e4.1.2}$$

새에 의해 카메라에 가해진 충력량 $\hat{F}$은 카메라의 운동량의 변화량과 같으므로 다음의 식이 성립한다.

$$\hat{F} = m_c v'_c - m_c v_c = m_c v'_c$$

위식에 식(e4.1.2)을 대입하면,

$$\hat{F} = m_c v'_c = m_b v_b = 1 \times 20 = 20\text{N} \cdot \text{s}$$

위식에서 새의 속도 72km/h는 20m/s로 환산된 값이 대입되었다. 그림 e4.1.1을 일자유도 진동 모델로 나타내면 그림 e4.1.2와 같다.

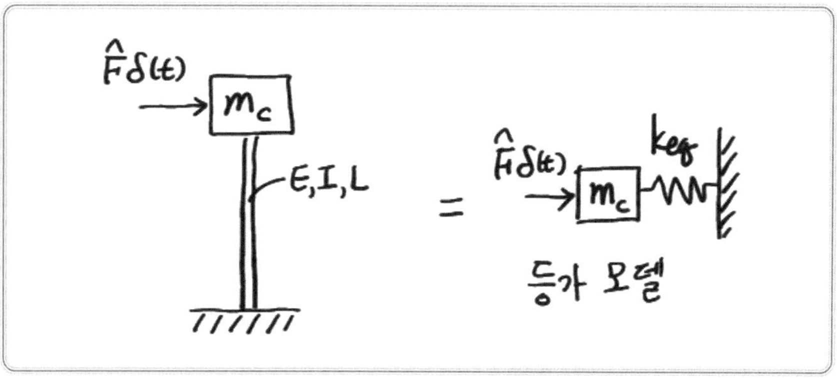

그림 e4.1.2 일자유도 진동 모델

1자유도 모델에서 등가 스프링 강성 k는 기둥의 굽힘 강성 식(1.5)에 해당하며, 다음과 같이 구해진다.

$$k = \frac{3EI}{l^3}$$

위 식에 $I = bh^3/12 = 0.02 \times 0.02^3/12 = 1.33 \times 10^{-8}\text{m4}$, $E = 7.1 \times 10^{10}$ N/m^2, $l = 5.5\text{m}$를 대입하면, $k = 1.71 \times 10^4\,\text{N/m}$로 계산된다. 위 결과로부터 고유진동수는 다음과 같이 계산된다.

$$\omega_n = \sqrt{\frac{1.71 \times 10^4}{3}} = 75.43\text{rad/s}$$

감쇠가 없는 일자유도 모델이므로, 식(4.9)의 운동방정식은 다음과 같이 된다.

$$m\ddot{x} + kx = \hat{F}\delta(t - \tau) \tag{e4.1.3}$$

위식의 해는 $x = x_h + x_p$인데, 카메라의 초기 위치와 초기 속도가 0이므로 $x_h = 0$이 된다. 그래서 x_p만 구하면 되므로, x_p는 식(4.16)에 감쇠비 $\zeta = 0$을 대입하면 된다.

$$x_p(t) = \begin{cases} 0 & , t \le \tau \\ \dfrac{\hat{F}}{m\omega_n} sin\omega_n(t - \tau)0 & , t > \tau \end{cases} \tag{e4.1.4}$$

새와 카메라의 충돌이 0초일때 발생했다고 가정하면, $\tau = 0$이므로 위식은 다음과 같이 된다.

$$x_p(t) = \begin{cases} 0 , t \le 0 \\ \dfrac{\hat{F}}{m\omega_n} sin\omega_n t \quad , t > 0 \end{cases} = \frac{\hat{F}}{m\omega_n} sin\omega_n t \,,\ t > 0 \tag{e4.1.5}$$

위식에 충격량, 카메라 질량, 고유진동수를 대입하면, 다음과 같은 변위응답을 구할 수 있다.

$$x(t) = \underbrace{0}_{x_h} + x_p = 0.088\sin 75.43t$$

위식에서 새가 충돌 전에 카메라가 정지 상태에 있었으므로 $x_h = 0$이다. 위의 결과로부터 카메라의 최대 진폭은 8.8cm이며 최대 허용 진폭 1cm를 벗어났음을 알 수 있다.

예제4.2 **충격 햄머로 1kg 질량을 내려 쳤는데 0.12초 시간차로 두 번 타격이 이루어졌다. 첫 번째 타격에 의한 충격량은 0.2N·s 이고 두 번째 타격에 의한 충격량은 0.1N·s 이다. 스프링 강성은 4N/m, 감쇠계수는 0.5kg/s일 때 변위 응답을 구하여라.**

풀이 질량에 가해진 충격력 $F(t)$는 아래 그림과 같이 나타낼 수 있으며, 수식으로 표현하면 다음과 같다.

$$F(t) = 0.2\delta(t-0) + 0.1\delta(t-0.12) \quad \text{(e4.2.1)}$$

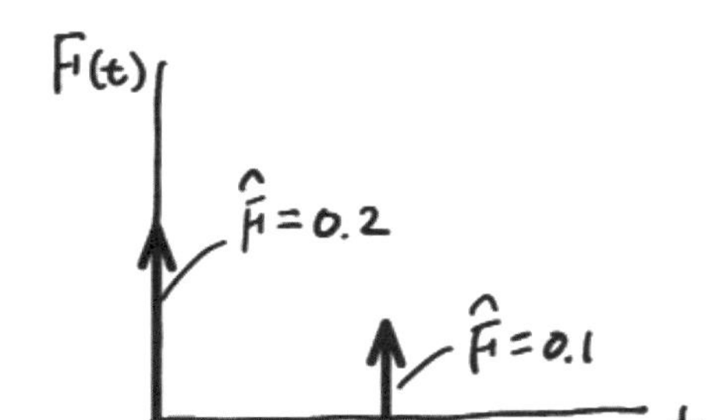

그림 e4.2.1 질량에 가해진 충격력

식(e4.2.1)의 충격력을 식(4.9)에 대입하면 다음과 같이 된다.

$$1\ddot{x} + 0.5\dot{x} + 4x = 0.2\delta(t-0) + 0.1\delta(t-0.12) \quad \text{(e4.2.2)}$$

햄머를 가격하기 전에 질량은 정지 상태이기 때문에 변위 응답 $x = x_h + x_p$에서 $x_h = 0$이다. x_p는 두 개의 시간 영역으로 나뉘어 구해진다. 먼저 $0 < t < 0.12$인 시간에서는 두 번째 타격이 발생하기 전이므로 첫 번째 타격에 의한 변위 응답만 구하면 된다. 그래서 다음의 운동방정식에 대한 해가 구해진다.

$$1\ddot{x} + 0.5\dot{x} + 4x = 0.2\delta(t-0)$$

위식의 해는 식(4.16)에 의해 다음과 같이 구해진다.

$$\begin{aligned} x_{p1}(t) &= \frac{\hat{F}}{m\omega_d} e^{-\zeta\omega_n(t-\tau)} \sin\omega_d(t-\tau) \\ &= \frac{0.2}{(1)(1.984)} e^{-(0.125)(2)(t-0)} \sin 1.984(t-0) \\ &= 0.1008 e^{-0.25t} \sin 1.984t \end{aligned} \tag{e4.2.3}$$

변위 응답 $x_{p1}(t)$ 그래프는 다음과 같다.

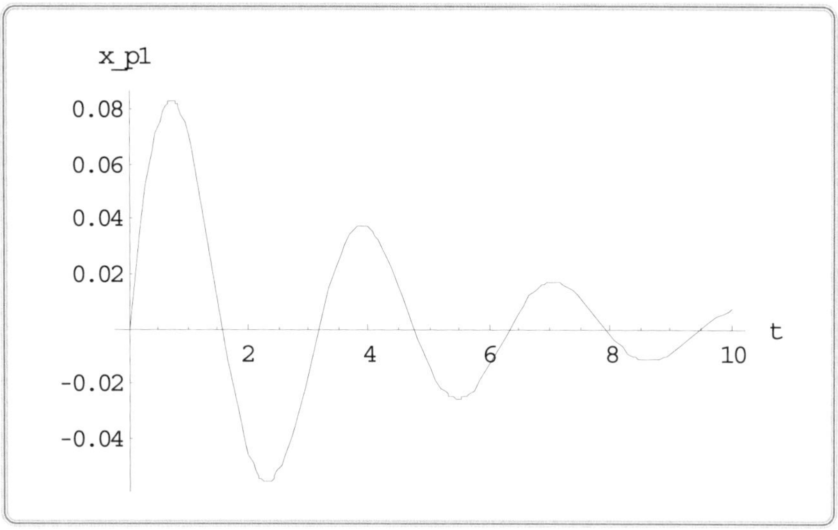

그림 e4.2.1 변위 응답 x_{p1}

$t > 0.12$인 시간에서의 변위 응답은 첫번째 타격에 의한 변위 응답과 두 번째 타격에 의한 변위 응답의 중첩이다. 첫 번째 타격에 의한 변위 응답은 식(e4.2.3)에서 구했으므로, 두 번째 타격에 의한 변위 응답 $x_{p2}(t)$를 구하자. $x_{p2}(t)$는 다음의 운동방정식의 해에 해당한다.

$$1\ddot{x}+0.5\dot{x}+4x=0.1\delta(t-0.12)$$

위의 운동방정식의 해는 식(4.16)에 의해 다음과 같이 구해진다.

$$x_{p2}(t)=0.0504e^{-0.25(t-0.12)}\sin 1.984(t-0.12)$$

변위 응답 $x_{p2}(t)$ 그래프는 다음과 같다.

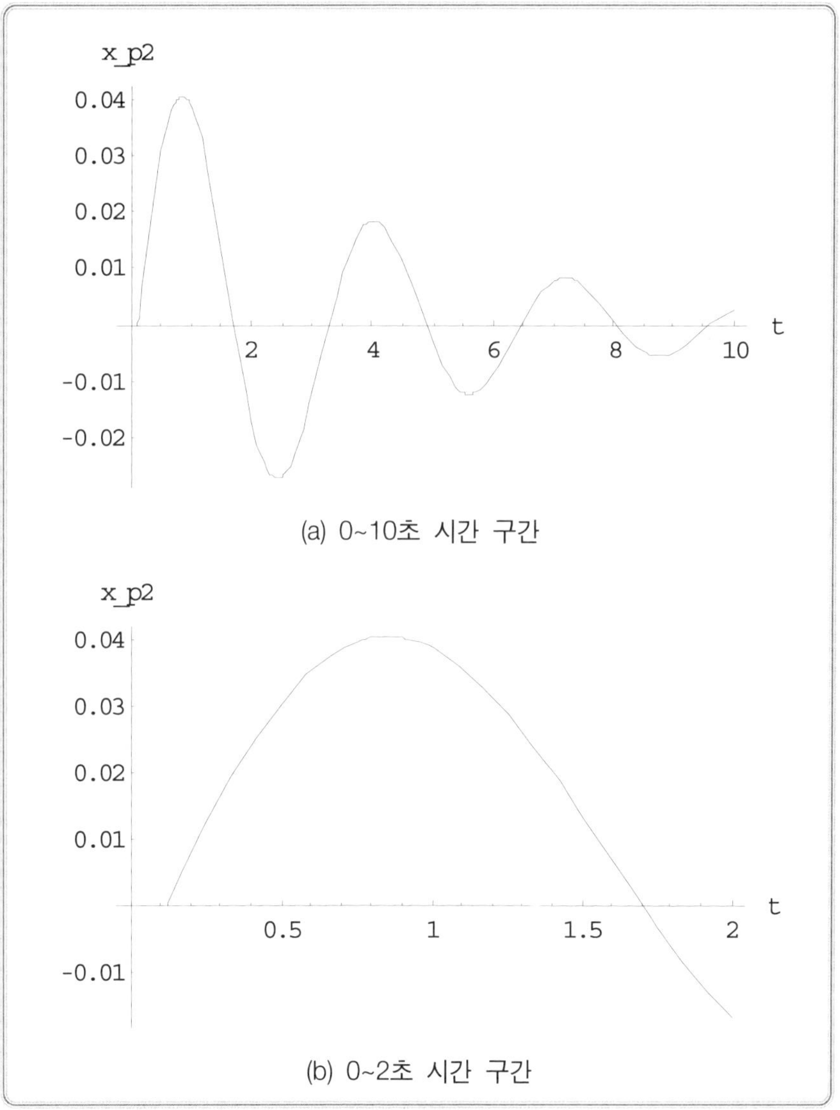

그림 e4.2.2 변위 응답 x_{p2}

최종적으로 변위 응답을 구하면 다음과 같다.

$$x(t)=\begin{cases} x_{p1} & , 0<t<0.12 \\ x_{p1}+x_{p2} & , t>0.12 \end{cases}$$

위의 변위 응답을 고찰해보면, 시간 0.12초 이전에는 첫 번째 타격에 의한 변위응답이 실제 변위 응답이며, 0.12초 이후에는 첫 번째 타격에 의한 변위응답과 두 번째 타격에 의한 변위 응답의 합이 실제 변위 응답임을 알 수 있다.

4.2 임의 외력에 의한 변위 응답

그림 4.6과 같은 임의 외력이 1자유도 진동계에 가해졌을 때의 운동방정식은 다음과 같다.

$$m\ddot{x}+c\dot{x}+kx=F(t) \tag{4.20}$$

위식의 해에 해당하는 변위 응답 $x(t)$를 본 절에서 구하고자 한다.

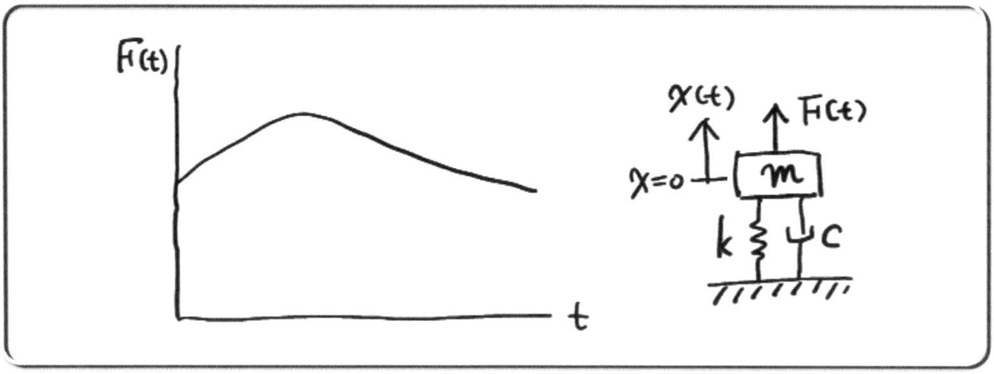

그림 4.6 임의 외력을 받는 1자유도 진동계

4.1절에서 구한 결과들을 이용하기 위하여, 먼저 임의 외력은 그림 4.7과 같이 여러 개의 충격력으로 분할한다. 먼저 i번째 충격력에 의한 변위 응답 $x_i(t)$를 구하자.

그림 4.7에서 i번째 충격력에 의한 충격량은 $\hat{F}_i = F(t_i)\Delta t$이므로 $x_i(t)$는 식(4.16)에 의해 다음과 같이 된다.

$$x_i(t) = \begin{cases} 0 & , t \le t_i \\ F(t_i)\Delta t\, h(t-t_i) & , t > t_i \end{cases} \tag{4.21}$$

여기서 $h(t-t_i)$는 단위 임펄스 응답 함수로 정의되며 다음과 같다.

$$h(t-t_i) = \frac{1}{m\omega_d} e^{-\zeta\omega_n(t-t_i)} \sin\omega_d(t-t_i),\ t > t_i \tag{4.22}$$

단위 임펄스 응답 함수는 시간 $t = t_i$에서 단위 충격량($\hat{F} = 1$)이 가해졌을 때의 변위 응답을 의미하며, $t < t_i$ 시간 영역에서는 $h(t-t_i) = 0$을 만족한다. 참고로 식(4.22)의 $h(t-t_i)$를 그래프로 나타내면 그림 4.8과 같다.

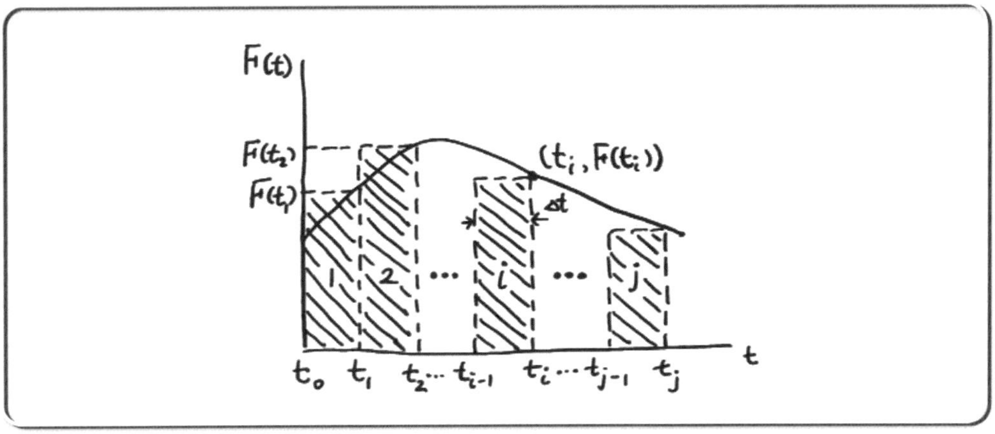

그림4.7 여러 개의 충격력으로 분할된 임의 외력

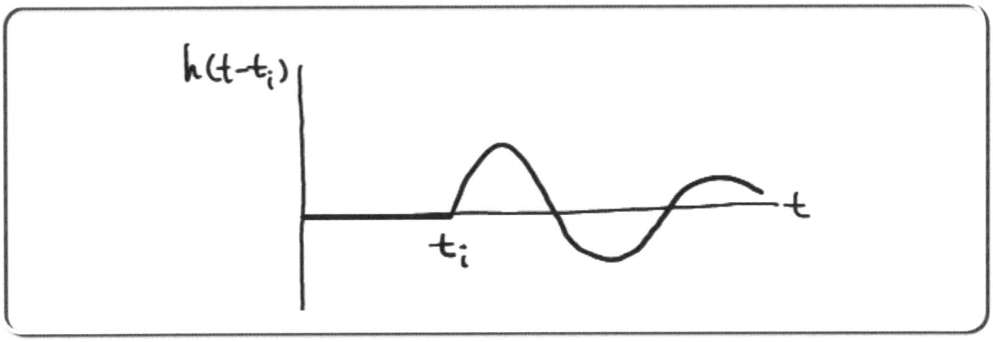

그림4.8 i번째 충격력에 의한 변위 응답 $x_i(t)$

이제 충격력 $\hat{F}_1, \hat{F}_2, \cdots, \hat{F}_i, \cdots, \hat{F}_j$ 가 순차적으로 가해졌을 때 j번째 충격력이 가해진 직후의 변위 응답 $x_j(t)$는 각각의 충격력에 의한 변위 응답들의 합으로 다음과 같이 생각할 수 있다.

$$\begin{aligned} x_j(t) &= x_1(t) + x_2(t) + \cdots + x_i(t) + \cdots + x_j(t) \\ &= \sum_{i=1}^{j} x_i(t) \end{aligned} \tag{4.23}$$

위식에 식(4.21)을 대입하면,

$$x_j(t) = \sum_{i=1}^{j} F(t_i)\Delta t\, h(t - t_i)$$

그림4.7에서 $\Delta t = (t_j - t_0)/j$이므로 $\Delta t \to 0$이면, $j \to \infty$이 되어서, 위식은 다음과 같이 표기 가능하다.

$$\lim_{j\to\infty} x_j(t) = \lim_{j\to\infty} \sum_{i=1}^{j} F(t_i)\Delta t\, h(t - t_i)$$

위식을 적분형태로 적으면,

$$x_p(t) = \int_0^t F(\tau)\, h(t-\tau) d\tau \tag{4.24}$$

식(4.24)는 그림4.6과 같은 임의 형태의 가진력이 가해진 경우, 변위 응답 $x = x_h + x_p$의 x_p에 해당한다. 위식에서 $t - \tau = \alpha$로 치환하면, 다음과 같이 다른 형태로도 표현 가능하다.

$$x_p(t) = \int_0^t F(t-\alpha)\, h(\alpha) d\alpha \tag{4.25}$$

여기서 α는 적분 변수이며 τ로 대체해도 무방하다.

예제4.3 그림과 같이 정지 상태에 있는 트럭에 포크레인이 흙더미를 떨어뜨릴 경우 트럭은 상하 진동을 하게 된다. 이때 진폭을 구하여라. 트럭 서스펜션의 감쇠는 무시하라.

그림 e4.3.1 흙더미를 받고 있는 트럭

풀이 본 문제는 아래 그림과 같이 일자유도 모델로 모델링 가능하다.

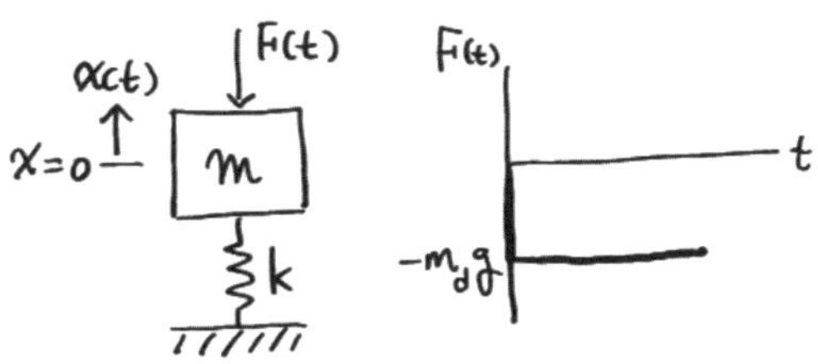

그림 e4.3.2 1자유도 모델링

임의 외력이 가해진 경우이므로, 식(4.25)에 의해 x_p는 다음과 같이 된다.

$$x_p(t) = \int_0^t (-m_d g)\frac{1}{m\omega_n}\sin\omega_n\alpha\, d\alpha$$

위 식을 적분하면,

$$\begin{aligned} x_p(t) &= \frac{-m_d g}{m\omega_n}\int_0^t \sin\omega_n\alpha\, d\alpha \\ &= \frac{m_d g}{m\omega_n^2}[\cos\omega_n\alpha]_0^t \\ &= \frac{m_d g}{k}(\cos\omega_n t - 1) \\ &= -\frac{m_d g}{k}(1-\cos\omega_n t) \end{aligned}$$

위식에서 $\cos\omega_n t = -1$일 때 최대 변위가 다음과 같이 됨을 알 수 있다.

$$x_{\max} = -\frac{2m_d g}{k}$$

위 결과에서 음의 부호는 최대 변위가 아래 방향으로 발생함을 의미하며, 진폭은 $2m_d g/k$임을 알 수 있다. 참고로 이 문제에서는 트럭이 정지 상태에 있었으므로, $x_h = 0$이어서 $x = x_p$이다.

예제4.4 **다음 그래프와 같은 외력 $F(t)$가 정지 상태에 질량에 가해졌을 때 변위 응답 $x_p(t)$를 구하여라.**

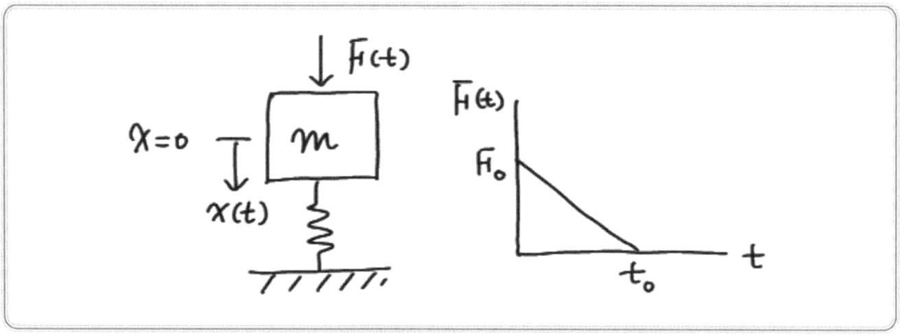

그림 e4.4.1 임의 가진력이 작용하는 1자유도 시스템

풀이 외력은 다음과 같은 함수로 표현 가능하다.

$$F(t) = \begin{cases} F_o(1 - t/t_0), & 0 < t < t_0 \\ 0 & , t > t_0 \end{cases} \tag{e4.4.1}$$

먼저 $t < t_o$인 경우의 변위 응답을 구하자. 식(4.24)에 있는 $h(t-\tau)$는 다음과 같다.

$$h(t-\tau) = \frac{1}{m\omega_n}\sin\omega_n(t-\tau) \tag{e.4.4.2}$$

식(e4.2.1)과 식(e4.2.2)를 식(4.24)에 대입하면,

$$\begin{aligned}x_p(t) &= \int_0^t F(\tau)h(t-\tau)d\tau \\ &= \left[\int_0^t F_0(1-\frac{\tau}{t_0})\frac{1}{m\omega_n}\sin\omega_n(t-\tau)d\tau\right] \\ &= \frac{F_0}{m\omega_n}\left[\int_0^t \sin\omega_n(t-\tau)d\tau - \frac{1}{t_0}\int_0^t \tau\sin\omega_n(t-\tau)d\tau\right]\end{aligned}$$

위에서 적분 과정을 수행하면 다음과 같은 결과를 얻을 수 있다.

$$x_p(t) = \frac{F_0}{kt_0}\left[\frac{1}{\omega_n}\sin\omega_n t - t\right] + \frac{F_0}{k}[1-\cos\omega_n t]\ ,\ t < t_0 \qquad \text{(e4.4.3)}$$

다음으로 $t > t_o$인 경우의 변위 응답을 구하자. 식(4.24)는 다음과 같이 적분 구간 분리해서 재작성이 가능하다.

$$\begin{aligned}x_p(t) &= \int_0^t F(\tau)h(t-\tau)d\tau \\ &= \int_0^{t_0} F(\tau)h(t-\tau)d\tau + \int_{t_0}^t 0\,h(t-\tau)d\tau\end{aligned} \qquad \text{(e4.4.4)}$$

위식의 두 번째 적분식에서는 식(e4.4.1)에 의해 $F(t)=0$이 대입되었다. 위식은 다음과 같이 적분이 수행될 수 있다.

$$\begin{aligned}x_p(t) &= \int_0^{t_0} F(\tau)h(t-\tau)d\tau + \int_{t_0}^t 0\,h(t-\tau)d\tau \\ &= \left[\int_0^{t_0} F_0(1-\frac{\tau}{t_0})\frac{1}{m\omega_n}\sin\omega_n(t-\tau)d\tau\right] + 0 \\ &= \frac{F_0}{m\omega_n}\left[\int_0^{t_0} \sin\omega_n(t-\tau)d\tau - \frac{1}{t_0}\int_0^{t_0} \tau\sin\omega_n(t-\tau)d\tau\right]\end{aligned}$$

위에서 적분 과정을 수행하면 다음과 같은 결과를 얻을 수 있다.

$$x_p(t) = \frac{F_0}{kt_0\omega_n}[\sin\omega_n t - \sin\omega_n(t-t_0)] - \frac{F_0}{k}[\cos\omega_n t]\ ,\ t > t_0 \qquad \text{(e4.4.5)}$$

4.3 임의 형태의 바닥 가진에 의한 변위 응답

그림 4.9와 같이 바닥이 가속도 $\ddot{y}$로 가진이 되었을 때 바닥 변위에 질량의 상대 변위 $z=x-y$에 대한 운동 방정식을 구해보자. 먼저 3장에서 미리 유도한 바닥 가진 모델에 대한 운동방정식 식(3.51)을 다시 적으면 다음과 같다.

$$m\ddot{x}+c\dot{x}+kx=c\dot{y}+ky \tag{4.26}$$

상대 변위 $z=x-y$을 이용하면, 식(4.26)은 다음과 같이 정리될 수 있다.

$$m\ddot{z}+c\dot{z}+kz=-m\ddot{y} \tag{4.27}$$

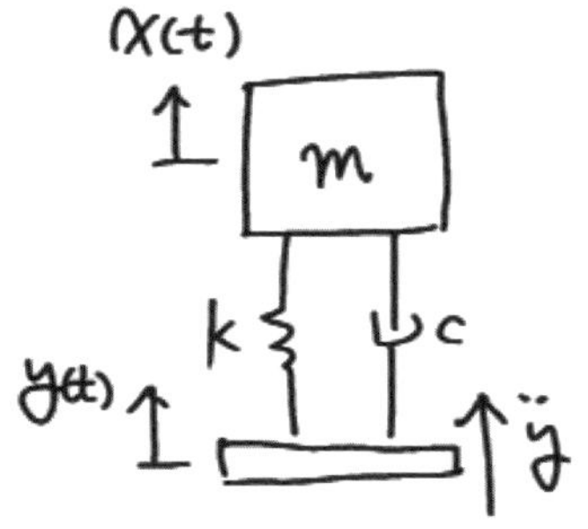

그림 4.9 바닥에 가속도가 주어진 경우

식(4.27)의 우변에 있는 $-m\ddot{y}$는 임의 형태의 외력에 해당하므로, 식(4.27)은 식(4.20)과 같은 형태임을 알 수 있다. 그래서 상대 변위 응답 z는 식(4.24)에 $F(\tau)$ 대신에 $-m\ddot{y}(\tau)$를 대입하는 방법에 의해 다음과 같이 구해진다.

$$z_p(t)=\int_0^t -m\ddot{y}(\tau)h(t-\tau)d\tau \tag{4.28}$$

또는, 식(4.25)에 의해

$$z_p(t)=\int_0^t -m\ddot{y}(t-\alpha)h(\alpha)d\alpha \tag{4.29}$$

위의 고찰 내용에서 절대 변위 $x(t)$ 대신에 상대 변위 $z(t)$를 고려한 이유는 질량에 악영향을 주는 것은 질량의 절대 변위가 아니라 상대 변위이기 때문이다. 예를 들어, 질량이 위로 2cm 움직였을 때 바닥도 위로 2cm 움직였다면, 바닥 가진이 질량에 어떠한 영향도 못주는 상황이 발생한다. 특히, 지반이 움직이는 지진의 경우, 지반에 대한 건물의 상대 변위가 실제로 건물 붕괴에 직접적인 영향을 준다는 사실을 알아야 한다.

예제4.5 **그림과 같이 물탱크가 기둥 끝에 설치되어 있다. 지진에 의해 지반이 그림과 같은 가속도 $\ddot{y}$로 움직였다. 지반 변위에 대한 물탱크의 상대변위 $z=x-y$를 구하여라. 그리고 상대 변위의 최대값도 구하여라.**

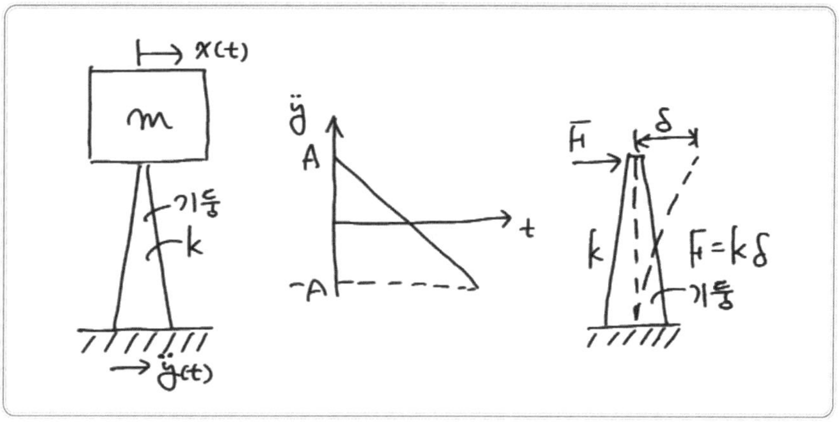

그림 e4.4.1 지진에 의한 지반 가진을 받는 물탱크 구조물

풀이 지반 가속도 식은 다음과 같이 구해진다.

$$\ddot{y}=\begin{cases} A(1-\dfrac{t}{t_0}), 0 \le t \le 2t_0 \\ 0 \qquad\qquad\quad , t > 2t_0 \end{cases} \tag{e4.4.1}$$

먼저, $0 \le t \le 2t_0$ 인 시간에 대한 상대 변위 응답을 구하자. 식(e4.4.1)을 식(4.28)에 대입하면,

$$z(t) = \int_0^t -m\left(A(1-\frac{\tau}{t_0})\right)h(t-\tau)d\tau \tag{e4.4.2}$$

위식에 감쇠가 없는 경우에 대한 단위 임펄스 응답 함수 식(e4.4.3)을 대입한 후 적분을 수행하면, 식(e4.4.4)를 얻을 수 있다.

$$h(t-\tau) = \frac{1}{m\omega_n}\sin(t-\tau) \tag{e4.4.3}$$

$$z(t) = -\frac{A}{\omega_n^2}\left(1 - \frac{t}{t_0} - \cos\omega_n t + \frac{1}{\omega_n t_0}\sin\omega_n t\right) \tag{e4.4.4}$$

$z(t)$의 최대값을 구하기 위해, $z(t)$을 미분하여 극대가 되게 하는 시간 $t = t_m$을 구하자. 식(e4.4.4)를 미분한 후 정리하면,

$$\dot{z}(t) = -\frac{A}{t_0\omega_n^2}(-1 + \omega_n t_0 \sin\omega_n t + \cos\omega_n t) = 0 \tag{e4.4.5}$$

위식을 만족하는 시간 t_m은 다음과 같이 구해진다.

$$t_m = \frac{2}{\omega_n}\tan^{-1}(\omega_n t_0) \tag{e4.4.6}$$

위에서 구한 시간 t_m을 식(4.4.4)에 대입하면 상대 변위의 최대값을 구할 수 있다.

다음으로, $t > 2t_0$ 인 시간에 대한 상대 변위 응답을 구하자. 식(e4.4.2)는 다음과 같이 적분구간을 나누어 두 개의 적분식으로 작성될 수 있다.

$$z(t) = \int_0^{t_0} -m\left(A(1-\frac{\tau}{t_0})\right)h(t-\tau)d\tau + \int_{t_0}^{t} 0 \times h(t-\tau)d\tau \tag{e4.4.7}$$

위식에 식(e4.4.3)을 대입한 후 적분하는 방법에 의해 상대변위 응답 $z(t)$를 구할 수도 있으나, 본 예제에서는 $t > 2t_0$ 인 시간에서는 외력이 작용하지 않으므로 자유진동응답 식을 이용하여 $t < 2t_0$ 인 시간 영역에서의 $z(t)$를 구하고자 한다. 이를 위해 식(e4.4.4)을 이용하여 $t = 2t_0$에서의 초기 위치 $z(2t_0) = z_0$와 초기 속도 $\dot{z}(2t_0) = \dot{z}_0$를 구하고, 이들 값

들을 2장의 자유진동 응답 식(e2.1.16)에 대입하면, 다음과 같이 상대변위 응답이 구해진다.

$$z(t) = z_0 \cos\omega_n t + \frac{\dot{z}_0}{\omega_n} \sin\omega_n t \tag{e4.4.8}$$

위식의 최대값은 사인합성 공식에 의해 다음과 같이 간단히 구해진다.

$$z_{\max} = \sqrt{z_0^2 + (\frac{\dot{z}_0}{\omega_n})^2} \tag{e4.4.9}$$

4장 연습문제

01 질량 1, 감쇠계수 2, 강성 1인 1자유도 진동계에 충격력 $\delta(t-\pi)$이 가해졌을 때 변위 응답을 구하라. (단, $x(0)=1$, $\dot{x}(0)=0$)

02 질량 1, 감쇠계수 2, 강성 3인 1자유도 진동계에 외력 $\sin t+\delta(t-\pi)$이 가해졌을 때 변위 응답을 구하라. (단, 초기 위치와 초기 속도는 0이다.)

03 운동방정식이 $\ddot{x}+10\dot{x}+100x=60$인 1자유도 진동계의 변위 응답 $x(t)$를 구하여라. (단, 초기조건은 $x(0)=1$, $\dot{x}(0)=2$이다.)

04 그림과 같이 임의 외력 $F(t)$를 정지 상태이 있는 구조물에 가하였다. 정상상태 응답 $x(t)$를 계산하라. (단, 기둥의 수평 방향 강성은 $k/2$이다.)

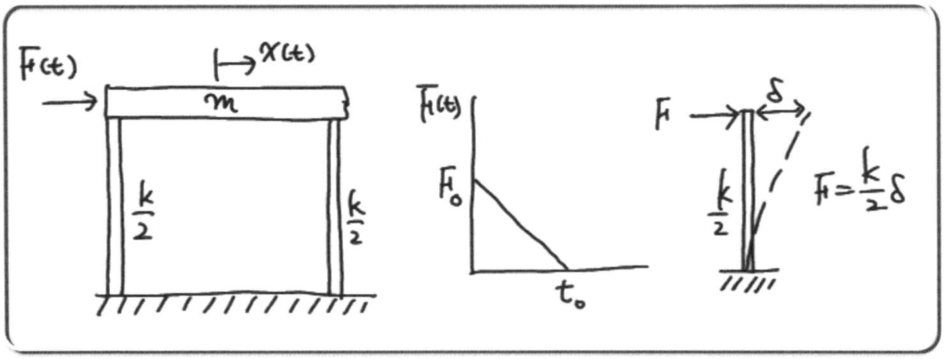

05 주물 가공한 질량 m의 사각 블록 표면을 부드럽게 연마하기 위해 그림과 같이 노즐로 모래를 급속히 분사한다. 이 경우 블록에 가해지는 힘 $F(t)$는 그림과 같다. 블록을 받치고 있는 고무판의 강성이 k이고 감쇠는 무시할 수 있을 때, 블록의 정상상태 응답을 계산하라.

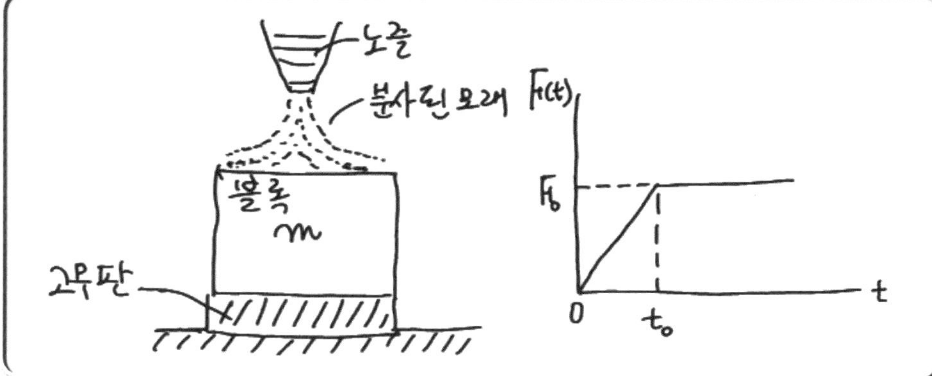

06 젤리 케이스를 끼운 스마트폰을 높이 h에서 실수로 떨어뜨렸다. 이 경우, 젤리 케이스의 탄성을 스프링 강성 k로 모델링 한다면 그림과 같이 생각할 수 있다.

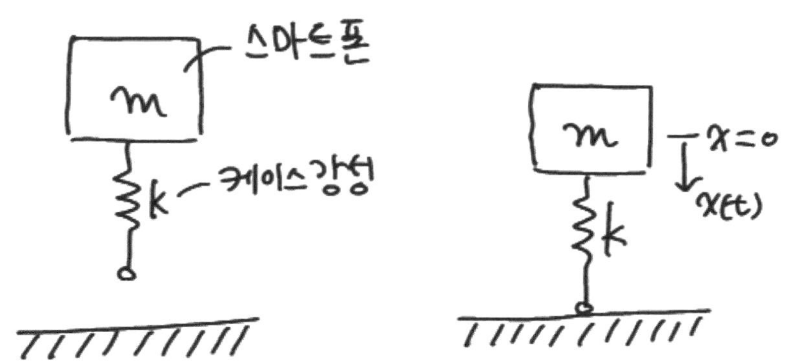

(a) 충돌 전 (b) 충돌 순간

스마트폰이 지면과 충돌하는 순간의 질량 m의 위치를 $x=0$으로 정하고 변위 $x(t)$를 고려한다면, 충돌하는 순간 이후의 운동방정식은 다음과 같다.

$$m\ddot{x}+kx=mg$$

초기조건 $x(0)=0$, $\dot{x}(0)=\sqrt{2gh}$을 적용하여 변위 응답 $x(t)=x_h+x_p$가 다음과 같이 구해짐을 증명하라. (참고: $\dot{x}(0)=\sqrt{2gh}$은 동역학에서 물체를 자유낙하했을 때 h만큼 낙하한 위치에서의 속도 계산식이다.)

$$x(t)=\frac{\sqrt{2gh}}{\omega_n}\sin\omega_n t+\frac{g}{\omega_n^2}(1-\cos\omega_n t)$$

그리고 중력에 대한 최대가속도가 다음과 같음을 증명하라.

$$\frac{\ddot{x}_{\max}}{g}=-\sqrt{\frac{2h}{\delta_{st}}+1}$$

여기서 δ_{st}는 $k\delta_{st}=mg$을 만족하는 정적 처짐량이다. 참고로, 중력에 대한 가속도의 단위는 G이며, 예를들어, 어떤 물체의 가속도가 2G라는 것은 중력가속도 9.81m/s2의 2배에 해당하는 19.62m/s2의 가속도를 가진다는 것을 의미한다.

07 자동차가 둔덕을 통과할때 운전자가 시트에서 위로 5cm 떴다가 내려왔다. 척추의 수직 강성을 80kN/m, 운전자 몸무게를 65kg으로 가정했을 경우, 척추선을 따라 전달되는 최대 가속도가 몇 G인지 계산하라. 단, 문제 4.6의 결과를 이용하라.

08 그림과 같이 자동차가 둔덕을 통과한다. 이때 둔덕의 형상 함수가 $y = Y\sin(\pi s/L)$ 일 때, 둔덕 변위에 대한 차체의 상대변위 응답을 구하여라.

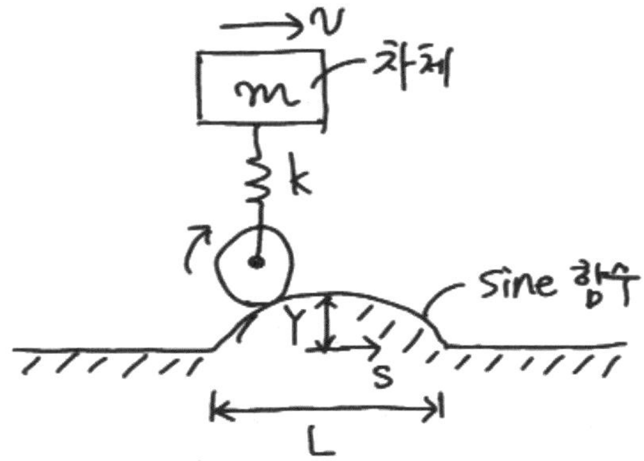

09 자동차가 건물 벽에 충돌할 때의 범퍼에 가해지는 가속도는 그림과 같다. 이때 범퍼에 대한 차체의 상대 변위와 차체 상대 가속도의 최대값을 구하여라.

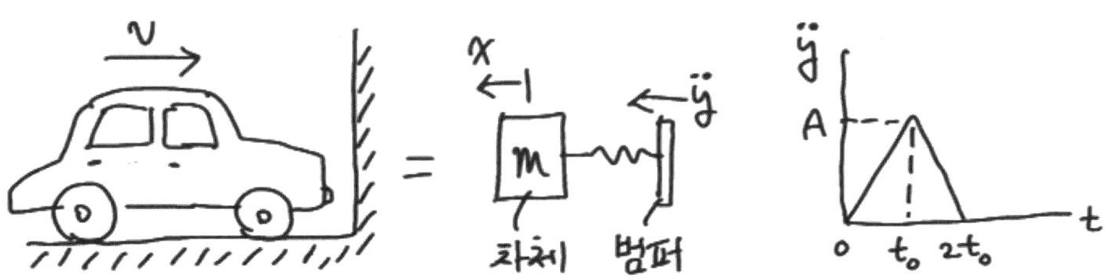

PART 05

다자유도 시스템

학부 기계 진동학

PART 05 다자유도 시스템

5.1 2자유도 시스템의 운동 방정식

앞 장에서는 1자유도 진동 시스템에 대하여 고찰 하였다. 1장에서 이미 고찰한 바와 같이 실제 시스템의 경우 2자유도 이상의 다자유도 시스템으로 모델링해야만 더 정확한 해석이 가능한 경우가 많다. 예를 들어, 그림 5.1과 같이 주행 중에 있는 자동차의 승차감을 해석하기 위하여, 차체의 상하 방향의 진동만을 고려하는 1자유도 진동 모델 보다는 차체의 회전 운동까지 고려하는 2자유도 모델이 승차감 해석에 더 유용함을 알 수 있다.

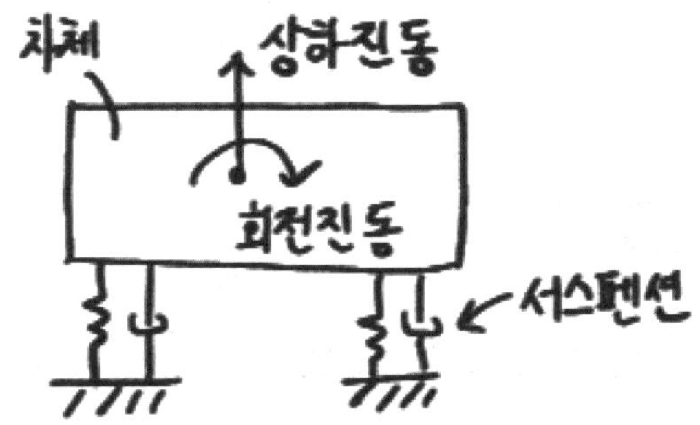

그림 5.1 자동차 승차감 해석 모델

그림5.2와 같은 2자유도 진동계에 대한 운동방정식을 유도해보자. 1자유도 진동계에서는 1개의 고유진동수가 구해지지만, 2자유도 진동계는 2개의 고유진동수가 구해진다. 그리고 2자유도 이상 진동계에서는 고유벡터를 구할 수 있으며, 이 고유벡터는 진동계가 고유진동수로 가진될 때 진동계가 진동하는 고유 형상을 나타낸다. 고유벡터는 빔과 같은 연속체의 진동에서는 고유모드라고도 불리어진다. 차체와 같은 연속체의 진동에서 특정 고유진동수로 차체가 가진되었을 때, 차체는 자신의 고

유 모드로 진동하게 되는데, 이러한 진동형상을 살펴보면 특정 부위는 거의 진동하지 않는 부분이 존재하게 된다. 이러한 부분을 노드점(nodal point)이라고 부른다. 만약 차체가 공진이 발생하여 진동을 심하게 하더라도 운전자가 노드점 위치에 있다면 진동을 못느끼게 되므로, 고유모드(고유벡터)는 진동학에서 매우 중요한 개념이다.

먼저 질량 m_1에 대해 뉴튼2법칙을 적용하기 위해 자유물체도를 그리면 그림5.3과 같다.

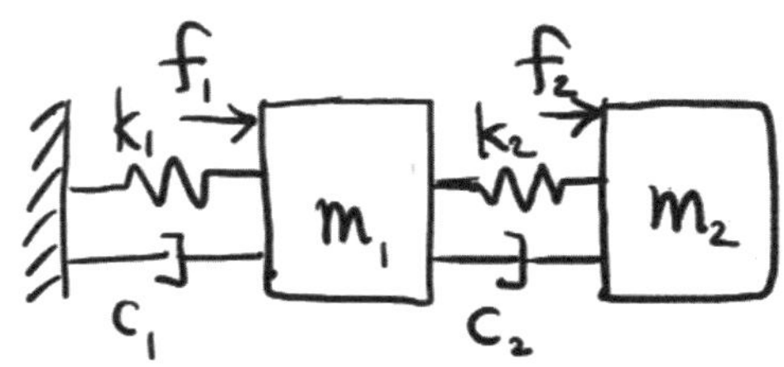

그림 5.2 2자유도 진동계

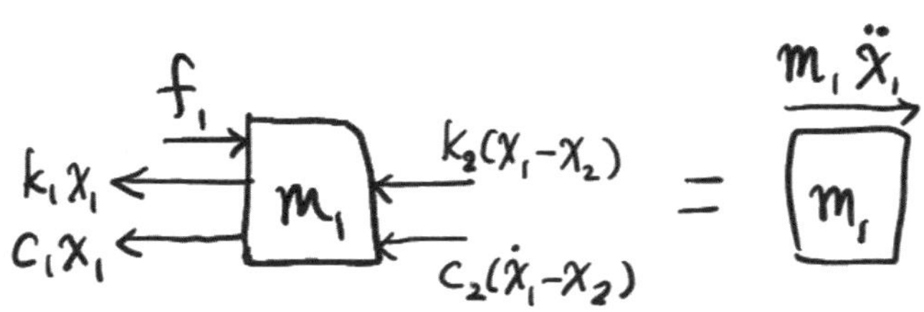

그림 5.3 질량 m_1에 대한 자유물체도

그림5.3에 뉴튼2법칙을 적용하면 다음과 같은 힘평형 방정식을 구할 수 있다.

$$-c_1\dot{x}_1 - k_1x_1 - c_2(\dot{x}_1 - \dot{x}_2) - k_2(x_1 - x_2) + f_1 = m_1\ddot{x}_1$$

위식을 정리하면 다음과 같이 된다.

$$m_1\ddot{x}_1 + (c_1 + c_2)\dot{x}_1 - c_2\dot{x}_2 + (k_1 + k_2)x_1 - k_2x_2 = f_1 \quad (5.1)$$

질량 m_2에 대해 뉴튼2법칙을 적용하기 위해 자유물체도를 그리면 그림 5.4와 같다.

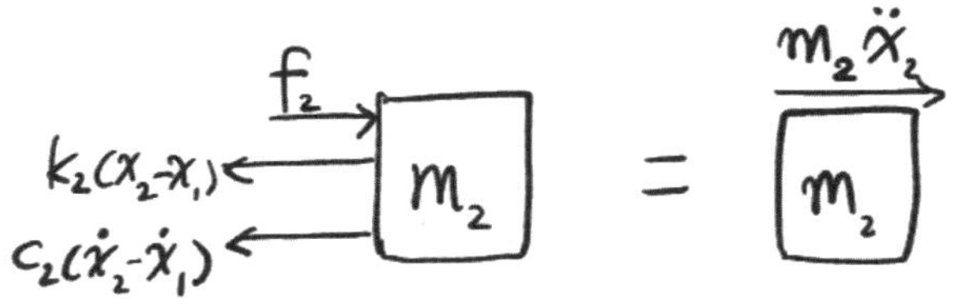

그림 5.4 질량 m_2에 대한 자유물체도

그림5.4에 뉴튼2법칙을 적용하면 다음과 같은 힘평형 방정식을 구할 수 있다.

$$-c_2(\dot{x}_2-\dot{x}_1)-k_2(x_2-x_1)+f_2=m_2\ddot{x}_2$$

위식을 정리하면 다음과 같이 된다.

$$m_2\ddot{x}_2-c_2\dot{x}_1+c_2\dot{x}_2-k_2x_1+k_2x_2=f_2 \tag{5.2}$$

식(5.1)과 식(5.2)에 포함된 변위 x_1과 x_2를 구하기 위해서는 두 식을 연립해야 한다. 그래서 이들 두 식을 하나의 행렬식으로 다음과 같이 표기한다.

$$\begin{bmatrix} m_1 & 0 \\ 0 & m_2 \end{bmatrix}\begin{Bmatrix} \ddot{x}_1 \\ \ddot{x}_2 \end{Bmatrix}+\begin{bmatrix} c_1+c_2 & -c_2 \\ -c_2 & c_2 \end{bmatrix}\begin{Bmatrix} \dot{x}_1 \\ \dot{x}_2 \end{Bmatrix}+\begin{bmatrix} k_1+k_2 & -k_2 \\ -k_2 & k_2 \end{bmatrix}\begin{Bmatrix} x_1 \\ x_2 \end{Bmatrix}=\begin{Bmatrix} f_1 \\ f_2 \end{Bmatrix} \tag{5.3}$$

위의 행렬식은 그림5.2의 2자유도 진동계의 운동방정식이다. 위식을 질량 행렬 $\overline{M}$, 감쇠 행렬 $\overline{C}$, 강성 행렬 $\overline{K}$, 변위 벡터 $\overline{x}$, 외력 벡터 $\overline{f}$를 사용하여 다시 작성하면, 다음과 같이 간단히 표현할 수 있다.

$$\overline{M}\ddot{\overline{x}}+\overline{C}\dot{\overline{x}}+\overline{K}\overline{x}=\overline{f} \tag{5.4}$$

여기서

$$\overline{M}=\begin{bmatrix} m_1 & 0 \\ 0 & m_2 \end{bmatrix},\quad \overline{C}=\begin{bmatrix} c_1+c_2 & -c_2 \\ -c_2 & c_2 \end{bmatrix},\quad \overline{K}=\begin{bmatrix} k_1+k_2 & -k_2 \\ -k_2 & k_2 \end{bmatrix} \tag{5.5~7}$$

$$\bar{x}=\begin{Bmatrix} x_1 \\ x_2 \end{Bmatrix},\ \bar{f}=\begin{Bmatrix} f_1 \\ f_2 \end{Bmatrix} \tag{5.8~9}$$

참고로 식(5.4)는 1자유도 진동계의 운동방정식 $m\ddot{x}+c\dot{x}+kx=f(t)$와 유사함을 알 수 있다.

5.2 2자유도 비감쇠 시스템의 고유진동수와 고유벡터

감쇠계수와 외력이 0인 비감쇠 자유진동인 경우, 식(5.4)는 다음과 같이 간단히 된다.

$$\begin{bmatrix} m_1 & 0 \\ 0 & m_2 \end{bmatrix}\begin{Bmatrix} \ddot{x}_1 \\ \ddot{x}_2 \end{Bmatrix}+\begin{bmatrix} k_1+k_2 & -k_2 \\ -k_2 & k_2 \end{bmatrix}\begin{Bmatrix} x_1 \\ x_2 \end{Bmatrix}=\begin{Bmatrix} 0 \\ 0 \end{Bmatrix} \tag{5.10}$$

질량 m_1의 초기 조건이 $x_1(0)=x_{10}$, $\dot{x}_1(0)=v_{10}$이고 질량 m_2의 초기 조건이 $x_2(0)=x_{20}$, $\dot{x}_2(0)=v_{20}$이라고 가정하자. 식(5.10)에서 두 질량의 변위를 다음과 같이 가정하자.

$$x_1=u_1e^{j\omega t},\ x_2=u_2e^{j\omega t} \tag{5.11~12}$$

또는

$$x_1=u_1\sin\omega t,\ x_2=u_2\sin\omega t \tag{5.13~14}$$

식(5.11~12)를 식(5.10)에 대입하면,

$$\begin{bmatrix} m_1 & 0 \\ 0 & m_2 \end{bmatrix}\begin{Bmatrix} -\omega^2u_1e^{j\omega t} \\ -\omega^2u_2e^{j\omega t} \end{Bmatrix}+\begin{bmatrix} k_1+k_2 & -k_2 \\ -k_2 & k_2 \end{bmatrix}\begin{Bmatrix} u_1e^{j\omega t} \\ u_2e^{j\omega t} \end{Bmatrix}=\begin{Bmatrix} 0 \\ 0 \end{Bmatrix}$$

$$-\omega^2e^{j\omega t}\begin{bmatrix} m_1 & 0 \\ 0 & m_2 \end{bmatrix}\begin{Bmatrix} u_1 \\ u_2 \end{Bmatrix}+e^{j\omega t}\begin{bmatrix} k_1+k_2 & -k_2 \\ -k_2 & k_2 \end{bmatrix}\begin{Bmatrix} u_1 \\ u_2 \end{Bmatrix}=\begin{Bmatrix} 0 \\ 0 \end{Bmatrix}$$

위식에서 $e^{j\omega t}$를 소거하면,

$$\left[\begin{bmatrix} k_1+k_2 & -k_2 \\ -k_2 & k_2 \end{bmatrix} - \omega^2 \begin{bmatrix} m_1 & 0 \\ 0 & m_2 \end{bmatrix}\right] \begin{Bmatrix} u_1 \\ u_2 \end{Bmatrix} = \begin{Bmatrix} 0 \\ 0 \end{Bmatrix} \tag{5.15}$$

$$\begin{bmatrix} k_1+k_2-\omega^2 m_1 & -k_2 \\ -k_2 & k_2-\omega^2 m_2 \end{bmatrix} \begin{Bmatrix} u_1 \\ u_2 \end{Bmatrix} = \begin{Bmatrix} 0 \\ 0 \end{Bmatrix} \tag{5.16}$$

위식을 강성행렬과 질량행렬을 이용하여 나타내면,

$$[\overline{K} - \omega^2 \overline{M}]\overline{\phi} = \overline{0} \tag{5.17}$$

여기서

$$\overline{\phi} = \begin{Bmatrix} u_1 \\ u_2 \end{Bmatrix}, \ \overline{0} = \begin{Bmatrix} 0 \\ 0 \end{Bmatrix}$$

식(5.17)의 $\overline{D} = \overline{K} - \omega^2 \overline{M}$을 동행렬(dynamic matrix)로 정의한다. 식(5.17)에서 동행렬의 역행렬이 존재한다면 아래 식과 같이 $\overline{u} = 0$이 된다.

$$\overline{u} = [\overline{K} - \omega^2 \overline{M}]^{-1}\overline{0} = 0$$

$\overline{u} = 0$이 되면 식(5.11~12)에서 자유진동응답 $x_1 = x_2 = 0$이 되게 되어 두 질량이 진동하지 않는다는 자명한 해가 얻어진다. 그러나 두 질량에 변위나 속도를 줄 경우 실제로 자유 진동을 하므로 $\overline{u} = 0$은 물리적으로 부적당하다. 그래서 식(5.17)에서 동행렬의 역행렬이 존재하지 않아야 한다는 조건을 추출할 수 있다. 동행렬의 역행렬이 존재하지 않기 위해서는 동행렬의 판별식이 다음과 같이 0이 되어야 한다.

$$\det[\overline{D}] = \det[\overline{K} - \omega^2 \overline{M}] = 0 \tag{5.18}$$

위식에 강성행렬과 질량행렬을 대입하면 다음과 같이 된다.

$$\det\left(\begin{bmatrix} k_1+k_2 & -k_2 \\ -k_2 & k_2 \end{bmatrix} - \omega^2 \begin{bmatrix} m_1 & 0 \\ 0 & m_2 \end{bmatrix}\right) = 0 \tag{5.19}$$

$$\det\left(\begin{bmatrix} k_1+k_2-\omega^2 m_1 & -k_2 \\ -k_2 & k_2-\omega^2 m_2 \end{bmatrix}\right) = 0$$

$$(k_1+k_2-\omega^2 m_1)(k_2-\omega^2 m_2)-k_2^2=0 \tag{5.20}$$

위식은 특성방정식이라 불리어지며, 위식으로부터 네 개의 근이 다음과 같이 구해진다.

$$\omega=\pm\omega_1,\ \ \omega=\pm\omega_2 \tag{5.21}$$

이제 식(5.11~12)에서 가정한 해에 포함된 u_1과 u_2를 구하기 위하여, 첫 번째 근 $\omega=\omega_1$을 식(5.16)에 대입하자. 그러면 다음의 결과를 얻을 수 있다.

$$\begin{bmatrix} k_1+k_2-\omega_1^2 m_1 & -k_2 \\ -k_2 & k_2-\omega_1^2 m_2 \end{bmatrix}\begin{Bmatrix} u_1 \\ u_2 \end{Bmatrix}=\begin{Bmatrix} 0 \\ 0 \end{Bmatrix} \tag{5.22}$$

위식을 풀어서 2개의 식으로 나타내면,

$$(k_1+k_2-\omega_1^2 m_1)u_1-k_2u_2=0 \tag{5.23}$$

$$-k_2u_1+(k_2-\omega_1^2 m_2)u_2=0 \tag{5.24}$$

식(5.20)을 고려하면 식(5.23)과 식(5.24)는 같은 식이 된다. 그래서 u_1과 u_2를 모두 구할 수는 없고 단지 비(ratio)만 구할 수 있다. 그래서 두 식 중의 하나인 식(5.23)을 다음과 같이 변형한다.

$$u_1=\frac{k_2}{k_1+k_2-\omega_1^2 m_1}u_2 \tag{5.25}$$

위식에서 $u_2=1$로 가정하면 $u_1=k_2/(k_1+k_2-\omega_1^2 m_1)$가 구해진다. 그리고 u_1과 u_2의 비를 성분으로 갖는 다음과 같은 벡터 $\overline{\phi_1}$ 을 첫 번째 고유벡터라고 부른다.

$$\overline{\phi_1}=\begin{Bmatrix} k_2/(k_1+k_2-\omega_1^2 m_1) \\ 1 \end{Bmatrix}=\begin{Bmatrix} u_{11} \\ u_{21} \end{Bmatrix} \tag{5.26}$$

다음으로 두 번째 고유벡터를 구하기 위하여, 식(5.22)에 두 번째 근 $\omega=\omega_2$을 대입한 다음, u_1과 u_2의 비를 구하면 두 번째 고유벡터는 다음과 같이 구해진다.

$$\overline{\phi_2}=\begin{Bmatrix} k_2/(k_1+k_2-\omega_2^2 m_1) \\ 1 \end{Bmatrix}=\begin{Bmatrix} u_{12} \\ u_{22} \end{Bmatrix} \tag{5.27}$$

마찬가지 방법으로, 세 번째 근 $\omega=-\omega_1$에 대한 고유벡터 $\overline{\phi_3}$을 구하기 위하여 $\omega=-\omega_1$을 식(5.22)에 대입하면 첫 번째 고유벡터와 같은 식으로 다음과 같이 구해진다.

$$\overline{\phi_3}=\begin{Bmatrix} u_{11} \\ u_{21} \end{Bmatrix} \tag{5.28}$$

또한, 네 번째 근 $\omega=-\omega_2$에 대한 고유벡터 $\overline{\phi_4}$을 구하기 위하여 $\omega=-\omega_2$을 식(5.22)에 대입하면 두 번째 고유벡터와 같은 식으로 다음과 같이 구해진다.

$$\overline{\phi_4}=\begin{Bmatrix} u_{12} \\ u_{22} \end{Bmatrix} \tag{5.29}$$

예제5.1 다음 그림과 같이 두 개의 단진자가 스프링에 의해 연결되어 있다. 미소 진동(진폭이 작은 진동)이라 가정하고 이 진동계의 특성방정식을 구하라.

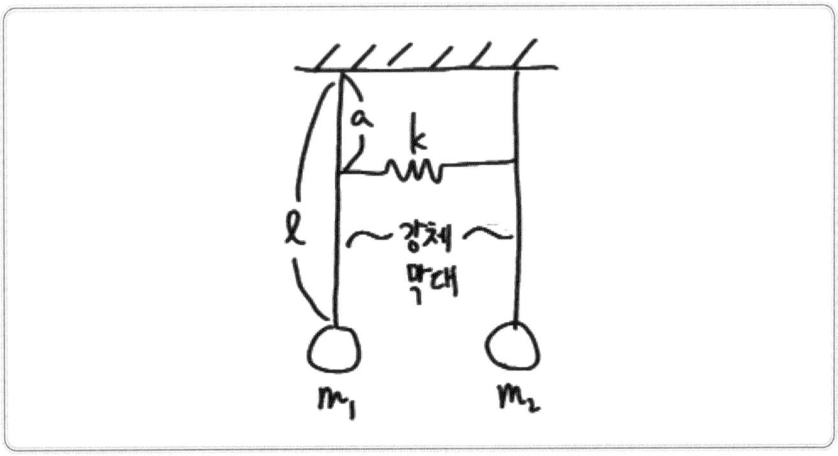

그림 e5.1.1 스프링에 의해 연결된 두 단진자(강체 막대 질량은 무시)

풀이 그림 e5.1.2와 같이 두 질량이 진동 중에 있을 때를 가정해서 각각의 각변위 좌표 θ_1과 θ_2를 설정한다.

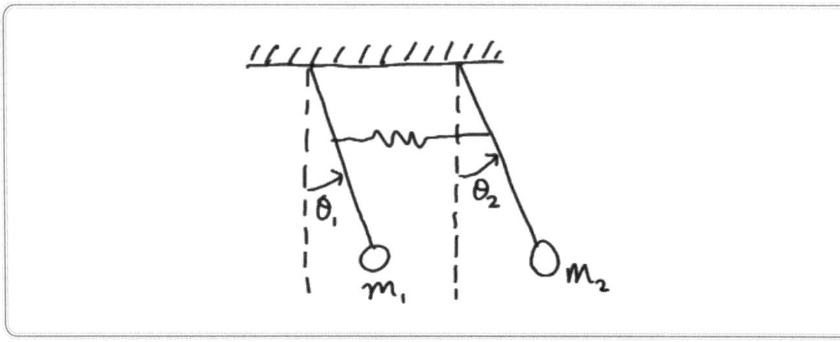

그림 e5.1.2 각변위 좌표 θ_1과 θ_2 설정

먼저 단진자 m_1에 자유물체도를 그림 e5.1.3과 같이 그리자. 점O에 대한 회전운동을 고려한 뉴턴2법칙($\sum M_0 = I_0\ddot{\theta}$)을 적용하면 다음의 식을 얻을 수 있다.

$$-(l\sin\theta_1)m_1g-(a\cos\theta_1)k(a\sin\theta_1-a\sin\theta_2)=I_{G1}+(l)m_1a_t \quad \text{(e5.1.1)}$$

위식에서 질량 m_1은 부피가 없는 질점으로 가정되었기 때문에 $I_{G1}=0$이다. 그리고 접선 방향 가속도 $a_t=l\ddot{\theta}_1$이고 미소진동이므로 $\sin\theta\approx\theta$, $\cos\theta\approx1$이다. 그러면 식(e5.1.1)은 다음과 같이 정리된다.

$$m_1l^2\ddot{\theta}_1+(lm_1g+a^2k)\theta_1-a^2k\theta_2=0 \quad \text{(e5.1.2)}$$

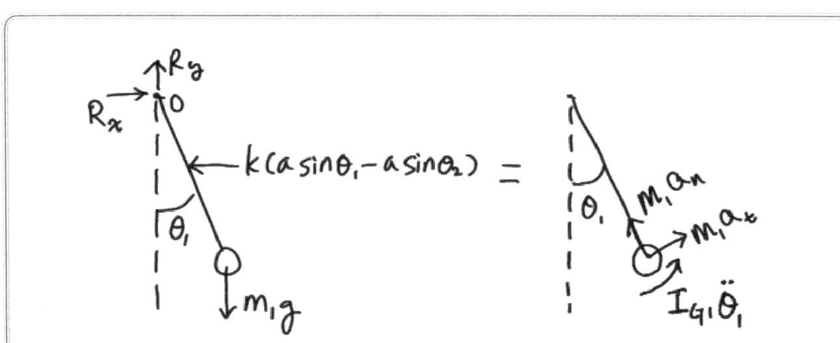

그림 e5.1.3 질량 m_1에 대한 자유물체도

다음으로, 단진자 m_2에 자유물체도를 그림 e5.1.4와 같이 그리자. 점 O에 대한 회전운동을 고려한 뉴턴2법칙($\sum M_0 = I_0\ddot{\theta}$)을 적용하면 다음의 식을 얻을 수 있다.

$$-(l\sin\theta_2)m_2g-(a\cos\theta_2)k(a\sin\theta_2-a\sin\theta_1)=I_{G2}+(l)m_2a_t \qquad \text{(e5.1.3)}$$

위식에서 질량 m_2는 부피가 없는 질점으로 가정되었기 때문에 $I_{G2}=0$이다. 그리고 접선 방향 가속도 $a_t=l\ddot{\theta}_2$이고 미소진동이므로 $\sin\theta\approx\theta$, $\cos\theta\approx 1$이다. 그러면 식(e5.1.3)은 다음과 같이 정리된다.

$$m_2l^2\ddot{\theta}_2-a^2k\theta_1+(lm_2g+a^2k)\theta_2=0 \qquad \text{(e5.1.4)}$$

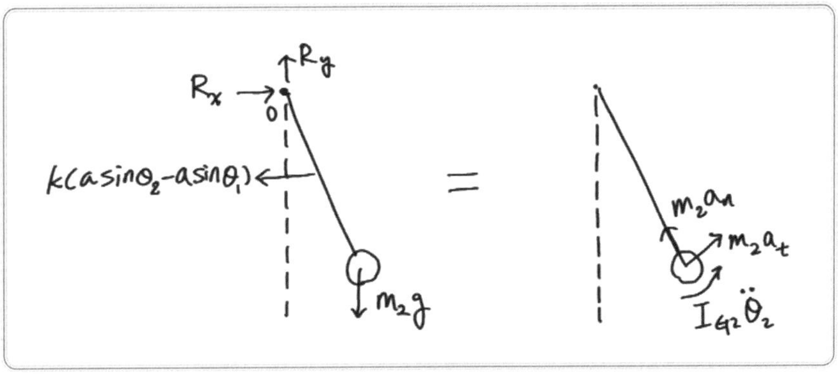

그림 e5.1.4 질량 m_2에 대한 자유물체도

각각의 질량에 대해 구한 운동방정식 식(e5.1.2)와 식(e5.1.4)를 하나를 행렬식으로 나타내면,

$$\begin{bmatrix} m_1l^2 & 0 \\ 0 & m_2l^2 \end{bmatrix}\begin{Bmatrix} \ddot{\theta}_1 \\ \ddot{\theta}_2 \end{Bmatrix}+\begin{bmatrix} lm_1g+a^2k & -a^2k \\ -a^2k & lm_2g+a^2k \end{bmatrix}\begin{Bmatrix} \theta_1 \\ \theta_2 \end{Bmatrix}=\begin{Bmatrix} 0 \\ 0 \end{Bmatrix} \qquad \text{(e5.1.5)}$$

위식은 식(5.10)과 같은 형태임을 알 수 있으며, 다음과 같이 질량행렬 $\overline{M}$과 강성행렬 $\overline{K}$을 사용하여 간단히 나타낼 수 있다.

$$\overline{M}\ddot{\overline{\theta}}+\overline{K}\overline{\theta}=\overline{0} \tag{e5.1.6}$$

여기서

$$\overline{M}=\begin{bmatrix} m_1 l^2 & 0 \\ 0 & m_2 l^2 \end{bmatrix},\quad \overline{K}=\begin{bmatrix} lm_1 g+a^2k & -a^2k \\ -a^2k & lm_2 g+a^2k \end{bmatrix},\quad \overline{\theta}=\begin{Bmatrix} \theta_1 \\ \theta_2 \end{Bmatrix}$$

각변위를 $\theta_1=u_1e^{jwt}$, $\theta_2=u_2e^{jwt}$로 정의한 후 식(e5.1.5)에 대입하면,

$$\begin{bmatrix} lm_1 g+a^2k-\omega^2 m_1 l^2 & -a^2k \\ -a^2k & lm_2 g+a^2k-\omega^2 m_2 l^2 \end{bmatrix}\begin{Bmatrix} u_1 \\ u_2 \end{Bmatrix}=\begin{Bmatrix} 0 \\ 0 \end{Bmatrix} \tag{e5.1.7}$$

위식으로부터 특성방정식 $\det(\overline{D})=0$은 다음과 같이 구해진다.

$$(lm_1 g+a^2k-\omega^2 m_1 l^2)(lm_2 g+a^2k-\omega^2 m_2 l^2)-(a^2k)(a^2k)=0 \tag{e5.1.8}$$

예제5.2 **예제5.1에서 $m_1=1$, $m_2=2$, $k=10$, $l=3$, $a=1$, $g\approx 10$인 경우에 고유진동수와 고유벡터를 구하여라.**

풀이 위에서 주어진 값들을 예제5.1의 식(e5.1.7)에 대입하면 다음과 같이 된다.

$$\begin{bmatrix} 40-9\omega^2 & -10 \\ -10 & 70-18\omega^2 \end{bmatrix}\begin{Bmatrix} u_1 \\ u_2 \end{Bmatrix}=\begin{Bmatrix} 0 \\ 0 \end{Bmatrix} \tag{e5.2.1}$$

위식으로부터 특성방정식은 다음과 같다.

$$(40-9\omega^2)(70-18\omega^2)-100=0$$

$$(40-9\omega^2)(35-9\omega^2)-50=0$$

$$81\omega^4-675\omega^2+1350=0$$

$$3\omega^4-15\omega^2+50=0$$

$$(3\omega^2-10)(\omega^2-5)=0$$

위식으로 부터 다음과 같이 2개의 고유진동수가 구해진다.

$$\omega_1=\sqrt{\frac{10}{3}},\quad \omega_2=\sqrt{5}$$

$\omega_1 = \sqrt{\frac{10}{3}}$ 을 식(e5.2.1)에 대입하면,

$$\begin{bmatrix} 40-9(\frac{10}{3}) & -10 \\ -10 & 70-18(\frac{10}{3}) \end{bmatrix} \begin{Bmatrix} u_1 \\ u_2 \end{Bmatrix} = \begin{Bmatrix} 0 \\ 0 \end{Bmatrix}$$

$$\begin{bmatrix} 10 & -10 \\ -10 & 10 \end{bmatrix} \begin{Bmatrix} u_1 \\ u_2 \end{Bmatrix} = \begin{Bmatrix} 0 \\ 0 \end{Bmatrix}$$

위식을 풀어쓰면 다음과 같이 하나의 식이 된다.

$$u_1 - u_2 = 0$$

위 식으로부터 첫 번째 고유벡터는 다음과 같이 구해진다.

$$\overline{\phi_1} = \begin{Bmatrix} u_1 \\ u_2 \end{Bmatrix} = \begin{Bmatrix} 1 \\ 1 \end{Bmatrix}$$

$\omega_2 = \sqrt{5}$ 을 식(e5.2.1)에 대입하면,

$$\begin{bmatrix} 40-9(5) & -10 \\ -10 & 70-18(5) \end{bmatrix} \begin{Bmatrix} u_1 \\ u_2 \end{Bmatrix} = \begin{Bmatrix} 0 \\ 0 \end{Bmatrix}$$

$$\begin{bmatrix} -5 & -10 \\ -10 & -20 \end{bmatrix} \begin{Bmatrix} u_1 \\ u_2 \end{Bmatrix} = \begin{Bmatrix} 0 \\ 0 \end{Bmatrix}$$

위식을 풀어쓰면 다음과 같이 하나의 식이 된다.

$$u_1 + 2u_2 = 0$$

위 식으로부터 두 번째 고유벡터는 다음과 같이 구해진다.

$$\overline{\phi_2} = \begin{Bmatrix} u_1 \\ u_2 \end{Bmatrix} = \begin{Bmatrix} -2 \\ 1 \end{Bmatrix}$$

위에서 구한 두 개의 고유벡터로부터 다음의 사실을 알 수 있다. 만약 단진자 중 하나를 첫 번째 고유진동수와 같은 진동수로 흔들어준다면, 그림e5.2.1와 같이 같은 방향으로 같은 진폭으로 진동한다. 참고로, 특정 고유진동수에서 시스템이 진동하는 형상을 고유모드라고 부른다.

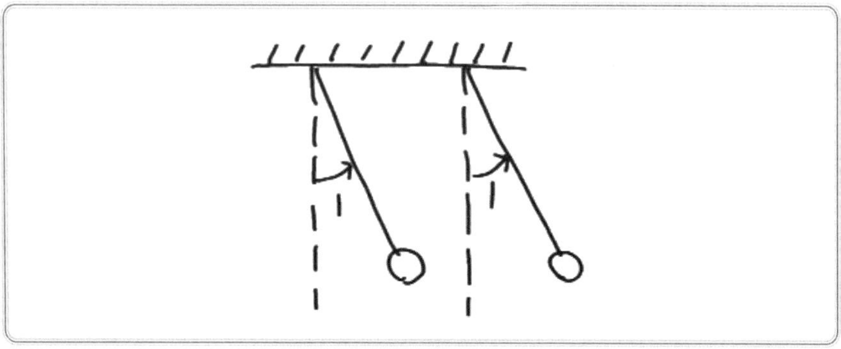

그림 e5.2.1 단진자 m_1의 첫번째 고유 모드

만약 단진자 중 하나를 두 번째 고유진동수와 같은 진동수로 흔들어준다면, 그림e5.2.2와 같이 반대 방향으로 두 배의 진폭 차로 진동한다.

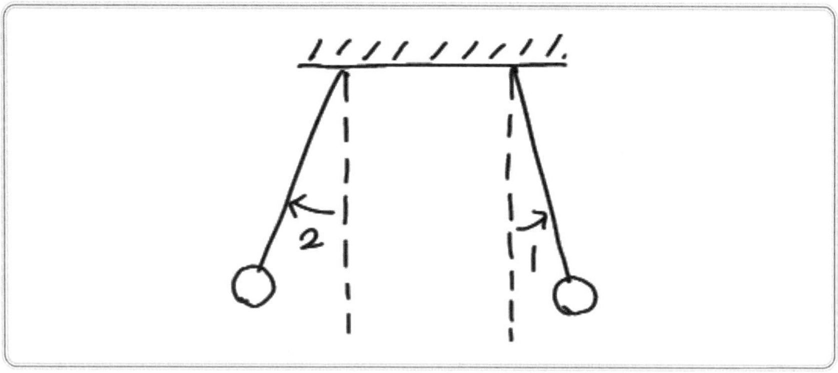

그림 e5.2.2 단진자 m_2의 두번째 고유 모드

5.3 2자유도 비감쇠 진동계의 자유진동 해

자유진동해를 구하기 위하여 식(5.11)의 $x_1 = u_1 e^{j\omega t}$을 고려해보자. 식(5.26~29)에서 구한 네 개의 고유벡터들의 첫 번째 성분만을 고려하며, x_1의 해는 다음과 같이 네 개가 구해진다.

$$u_{11}e^{j\omega_1 t}, u_{12}e^{j\omega_2 t}, u_{11}e^{j(-\omega_1)t}, u_{12}e^{j(-\omega_2)t} \qquad (5.30a)$$

결국 x_1의 일반해는 다음과 같이 위의 네 개의 해를 선형 결합하는 방법에 의해 다음과 같이 구해질 수 있다.

$$x_1 = au_{11}e^{j\omega_1 t} + bu_{12}e^{j\omega_2 t} + cu_{11}e^{-j\omega_1 t} + du_{12}e^{-j\omega_2 t} \qquad (5.30b)$$

여기서 a, b, c, d는 미지수이다. 마찬가지로, x_2의 해는 다음과 같이 네 개가 구해진다.

$$u_{21}e^{j\omega_1 t}, u_{22}e^{j\omega_2 t}, u_{21}e^{j(-\omega_1)t}, u_{22}e^{j(-\omega_2)t} \qquad (5.31a)$$

그리고 x_2의 일반해는 다음과 같이 구해진다.

$$x_2 = au_{21}e^{j\omega_1 t} + bu_{22}e^{j\omega_2 t} + cu_{21}e^{-j\omega_1 t} + du_{22}e^{-j\omega_2 t} \qquad (5.31b)$$

식(5.30b)와 식(5.31b)에서 동일한 미지수 a를 사용한 이유는 식(5.30a)의 첫 번째 식과 식(5.31a)이 첫 번째 식의 비가 첫 번째 고유벡터 $\overline{\phi_1}$의 성분들의 비인 $u_{11} : u_{21}$와 같아야하기 때문이다. 미지수 b, c, d가 식(5.30b)와 식(5.31b)에서 동일하게 사용된 이유도 마찬가지 이유이다.

위에서 구한 두 일반해를 식(5.8)에서 정의한 변위 벡터 $\overline{x}$로 나타내면 다음과 같이 된다.

$$\bar{x}=\begin{Bmatrix} x_1 \\ x_2 \end{Bmatrix}=\begin{Bmatrix} au_{11}e^{j\omega_1 t}+bu_{12}e^{j\omega_2 t}+cu_{11}e^{-j\omega_1 t}+du_{12}e^{-j\omega_2 t} \\ au_{21}e^{j\omega_1 t}+bu_{22}e^{j\omega_2 t}+cu_{21}e^{-j\omega_1 t}+du_{22}e^{-j\omega_2 t} \end{Bmatrix}$$

$$\bar{x}=a\begin{Bmatrix} u_{11} \\ u_{21} \end{Bmatrix}e^{j\omega_1 t}+b\begin{Bmatrix} u_{12} \\ u_{22} \end{Bmatrix}e^{j\omega_2 t}+c\begin{Bmatrix} u_{11} \\ u_{21} \end{Bmatrix}e^{-j\omega_1 t}+d\begin{Bmatrix} u_{12} \\ u_{22} \end{Bmatrix}e^{-j\omega_2 t}$$

$$\bar{x}=\begin{Bmatrix} u_{11} \\ u_{21} \end{Bmatrix}(ae^{j\omega_1 t}+ce^{-j\omega_1 t})+\begin{Bmatrix} u_{12} \\ u_{22} \end{Bmatrix}(be^{j\omega_2 t}+de^{-j\omega_2 t})$$

$$\bar{x}=\overline{\phi_1}(ae^{j\omega_1 t}+ce^{-j\omega_1 t})+\overline{\phi_2}(be^{j\omega_2 t}+de^{-j\omega_2 t}) \tag{5.32}$$

위식은 다음과 같이 표현될 수도 있다.

$$\bar{x}=\overline{\phi_1}A\sin(\omega_1 t+\theta_1)+\overline{\phi_2}B\sin(\omega_2 t+\theta_2) \tag{5.33}$$

여기서 $A\neq 0$와 $B\neq 0$이다. 위의 두식은 공통적으로 네 개의 미지수를 가지고 있음을 알 수 있다. 이들 미지수는 질량 m_1과 m_2에 주어지는 초기 위치와 초기 속도 조건을 적용하여 구할 수 있다.

예제5.3 **그림5.2의 2자유도 진동계에서 $m_1=9$kg, $m_2=1$kg, $k_1=24$N/m, $k_2=3$ N/m인 경우에 고유진동수, 고유벡터, 자유진동 해를 구하여라. 그리고 고유벡터의 물리적 의미에 대해 그림을 그려서 설명하라.**

풀이 식(5.20)에 질량과 강성을 대입하면,

$$(24+3-\omega^2 9)(3-\omega^2 1)-3^2=0$$

$$\omega^4-6\omega^2+8=0$$

$$(\omega^2-2)(\omega^2-4)=0$$

위식으로부터 고유진동수는 $\omega_1=\sqrt{2}$ rad/s와 $\omega_2=2$rad/s로 구해진다.

그리고, 첫 번째 고유벡터는 식(5.26)에 의해

$$\overline{\phi_1} = \begin{Bmatrix} 3/(24+3-(\sqrt{2})^2 \times 9) \\ 1 \end{Bmatrix} = \begin{Bmatrix} 1/3 \\ 1 \end{Bmatrix}$$

두 번째 고유벡터는 식(5.27)에 의해

$$\overline{\phi_2} = \begin{Bmatrix} 3/(24+3-(2)^2 \times 9) \\ 1 \end{Bmatrix} = \begin{Bmatrix} -1/3 \\ 1 \end{Bmatrix}$$

위에서 구한 고유벡터로부터, 다음의 사실을 알 수 있다. 만약 두 질량 중 하나를 첫 번째 고유진동수로 가진한다면, 그림 e5.3.1과 같이 질량 m_2이 1만큼 오른쪽으로 움직이면 질량 m_1은 1/3만큼 오른쪽으로 움직인다.

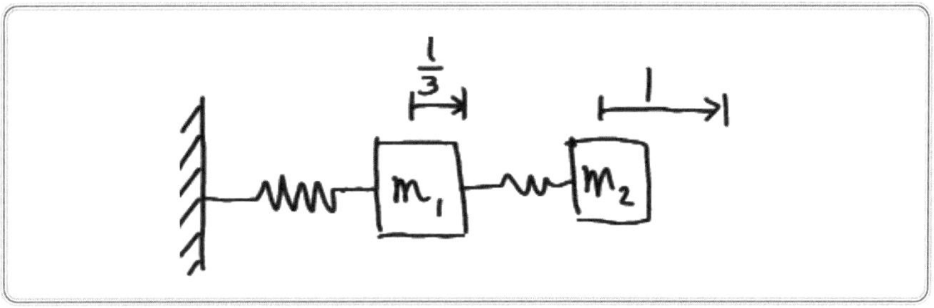

그림 e5.3.1 첫 번째 고유벡터의 물리적 의미

또한, 두 질량 중 하나를 두번째 고유진동수로 가진한다면, 그림 e5.3.2와 같이 질량 m_2가 1만큼 오른쪽으로 움직이면 질량 m_1은 1/3만큼 왼쪽으로 움직인다. 즉, 두 질량은 위상차 180도로 진동한다.

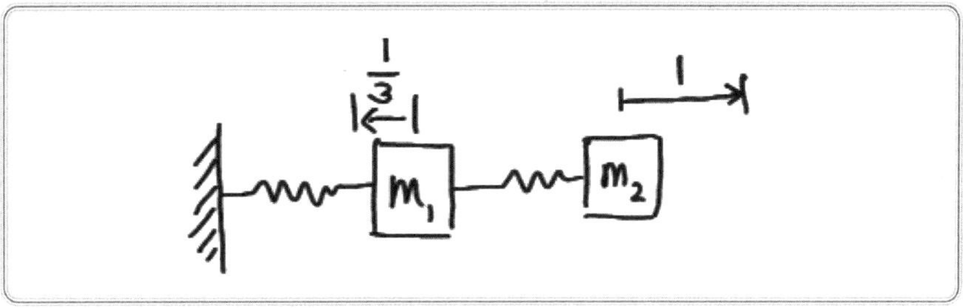

그림 e5.3.2 두 번째 고유벡터의 물리적 의미

위에서 구한 고유진동수와 고유벡터를 식(5.33)에 대입하면, 다음과 같이 자유진동해를 구할 수 있다.

$$\bar{x}(t) = \begin{Bmatrix} 1/3 \\ 1 \end{Bmatrix} A\sin(\sqrt{2}\,t + \theta_1) + \begin{Bmatrix} -1/3 \\ 1 \end{Bmatrix} B\sin(2t + \theta_2) \tag{e5.3.1}$$

예제5.4 **예제5.3에서 질량 m_1의 초기위치가 $x_1(0) = 2/3$cm, 초기속도는 $\dot{x}_1(0) = 0$이고 질량 m_2의 초기위치가 $x_2(0) = 1$cm, 초기속도는 $\dot{x}_2(0) = 0$이다면, 자유응답 해를 그래프로 그려라.**

풀이 식(e5.3.1)은 다음과 같이 두 개의 식으로 나눌 수 있다.

$$x_1(t) = \frac{1}{3}A\sin(\sqrt{2}\,t + \theta_1) - \frac{1}{3}B\sin(2t + \theta_2) \tag{e5.4.1}$$

$$x_2(t) = A\sin(\sqrt{2}\,t + \theta_1) + B\sin(2t + \theta_2) \tag{e5.4.2}$$

먼저 식(e5.4.1)에 $x_1(0) = 2/3\text{cm}$을 적용해서 정리하면,

$$A\sin\theta_1 - B\sin\theta_2 = 2 \tag{e5.4.3}$$

다음으로 식(e5.4.1)을 미분하여 속도 식을 구한 다음에 $\dot{x}_1(0) = 0$을 적용해서 정리하면,

$$\sqrt{2}\,A\cos\theta_1 - 2B\cos\theta_2 = 0 \tag{e5.4.5}$$

다음으로, 먼저 식(e5.4.2)에 $x_2(0) = 1$을 적용하면,

$$A\sin\theta_1 + B\sin\theta_2 = 1 \tag{e5.4.6}$$

다음으로 식(e5.4.2)를 미분하여 속도 식을 구한 다음에 $\dot{x}_2(0)=0$을 적용하면,

$$\sqrt{2}\,A\cos\theta_1 + 2B\cos\theta_2 = 0 \tag{e5.4.7}$$

식(e5.4.5)와 식(e5.4.7)을 더하면,

$$2\sqrt{2}\,A\cos(\theta_1) = 0 \tag{e5.4.8}$$

위식에서 $\theta_1 = \pi/2$이고 이 값을 식(e5.4.7)에 대입하면,

$$2B\cos(\theta_2) = 0$$

위식으로부터 $\theta_2 = \pi/2$임을 알 수 있다. $\theta_1 = \theta_2 = \pi/2$을 식(e5.4.3)과 식(e5.4.6)에 대입하면, 각각 다음의 식들이 얻어진다.

$$A - B = 2$$
$$A + B = 1$$

위 두식을 연립하면 $A=3/2$, $B=-1/2$을 구할 수 있다. $A=3/2$, $B=-1/2$, $\theta_1 = \theta_2 = \pi/2$을 식(e5.4.1)와 식(e5.4.2)에 대입하면 최종적인 자유진동해가 다음과 같이 구해진다.

$$x_1(t) = \frac{1}{2}\sin(\sqrt{2}\,t + \frac{\pi}{2}) + \frac{1}{6}\sin(2t + \frac{\pi}{2})$$
$$x_2(t) = \frac{3}{2}\sin(\sqrt{2}\,t + \frac{\pi}{2}) - \frac{1}{2}\sin(2t + \frac{\pi}{2})$$

위 두식을 정리하면,

$$x_1(t) = \frac{1}{2}\cos(\sqrt{2}\,t) + \frac{1}{6}\cos(2t) \tag{e5.4.9}$$

$$x_2(t) = \frac{3}{2}\cos(\sqrt{2}\,t) - \frac{1}{2}\cos(2t) \tag{e5.4.10}$$

위의 변위 응답을 그래프로 나타내면 다음과 같다.

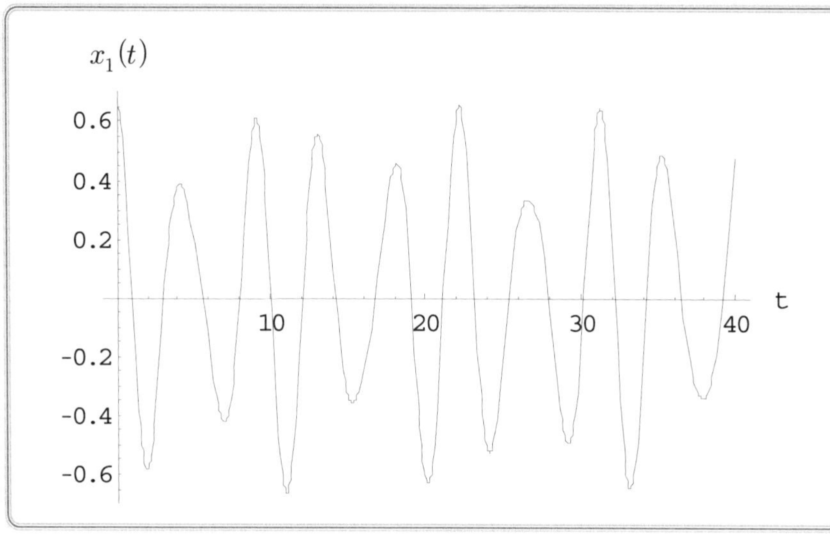

그림 e5.4.1 질량 m_1의 자유진동 응답 $x_1(t)$

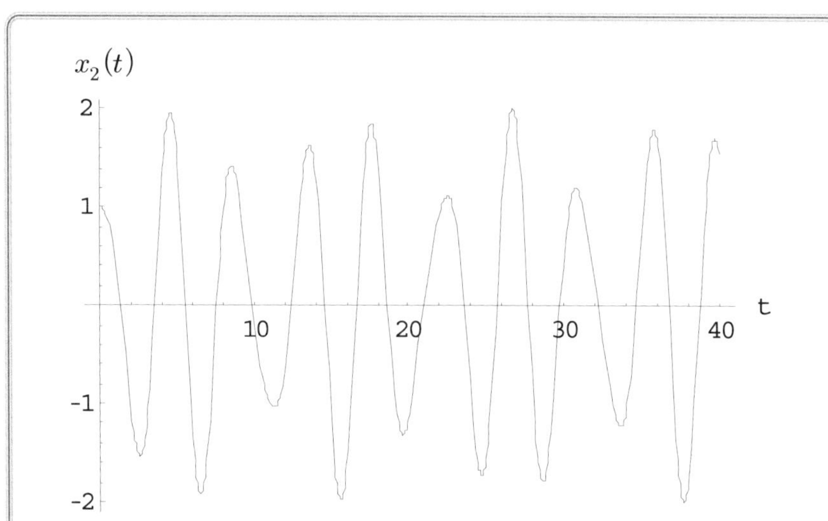

그림 e5.4.2 질량 m_2의 자유진동 응답 $x_2(t)$

예제5.5 자동차의 승차감은 자동차의 상하 진동 뿐만 아니라 앞뒤 회전 운동(피칭)에 의해서도 큰 영향을 받는다. 그래서 그림 e5.4.1과 같이 자동차를 2자유도로 모델링 한다. 미소진동으로 가정하고 2자유도 운동방정식을 유도하라.

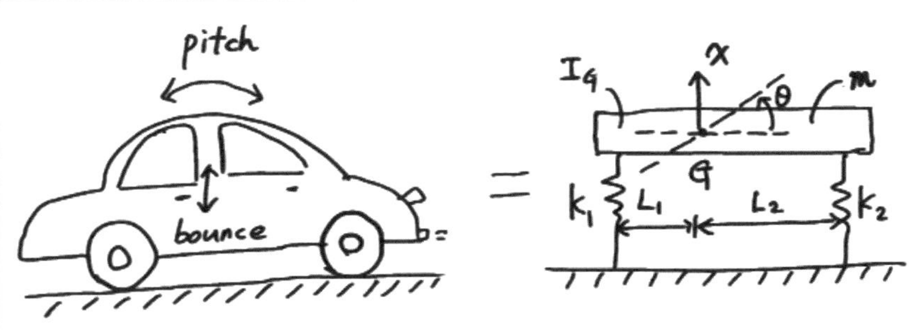

그림 e5.5.1 자동차 2자유도 모델링

풀이 그림 e5.5.1의 정적 평형 상태에 대한 자유물체도를 그리면 그림 e5.5.2와 같다. 자유물체도에서 δ_1과 δ_2는 자중에 의한 스프링 압축량이다.

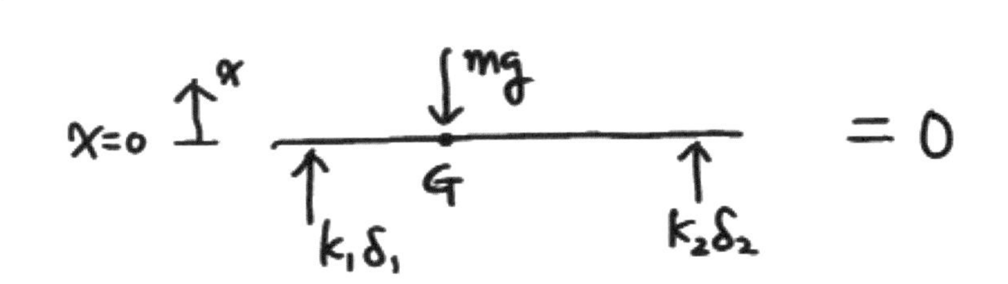

그림 e5.4.2 정적 평형 위치에서의 자유 물체도

그림 e5.4.2의 자유물체도에서 수직방향 힘평형을 고려하면 다음의 식이 얻어진다.

$$k_1\delta_1 + k_2\delta_2 = mg \tag{e5.4.1}$$

추가적으로, 그림 e5.4.2에서 점 G에 대한 모멘트 평형을 고려하면 다음의 식이 얻어진다.

$$-k_1\delta_1 L_1 + k_2\delta_2 L_2 = 0 \tag{e5.4.2}$$

다음으로 뉴턴2법칙을 적용하기 위해 운동 중인 임의 위치에서 자유물체도를 그리면 그림 e5.4.3과 같다. 그림 e5.4.3에서 x_1과 x_2는 스프링의 인장량을 나타내며 그림 e5.4.4에서와 같이 다음과 같이 구해진다.

$$x_1 = x - \delta_1 - L_1 \sin\theta \approx x - \delta_1 - L_1\theta \tag{e5.4.3}$$

$$x_2 = x - \delta_2 + L_2 \sin\theta \approx x - \delta_2 + L_2\theta \tag{e5.4.4}$$

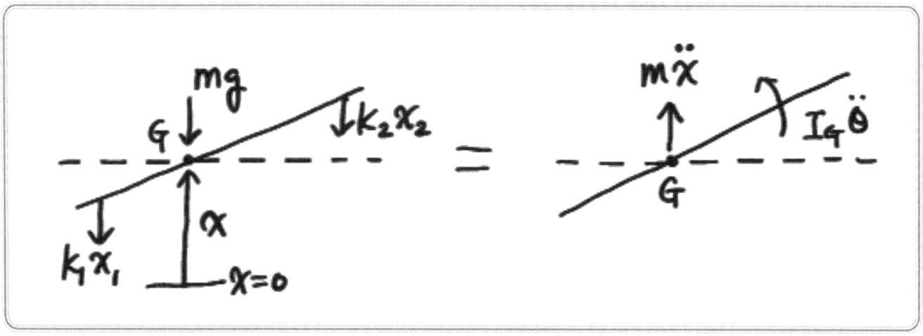

그림 e5.4.3 자유물체도

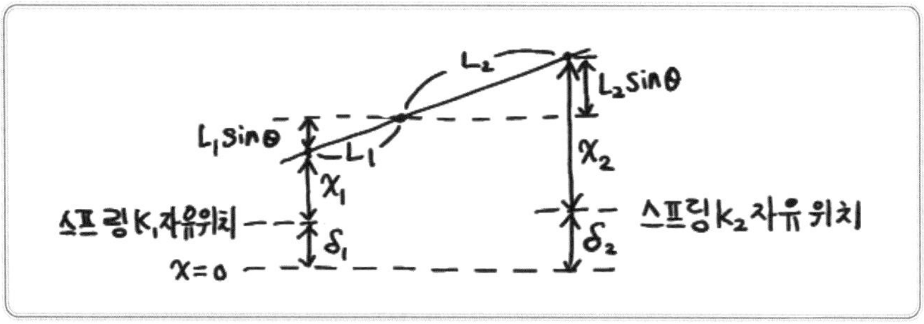

그림 e5.4.4 스프링 인장량 x_1과 x_2 계산

그림 e5.4.3의 자유물체도에서 수직방향으로 뉴턴2법칙을 고려하면 다음의 식이 얻어진다.

$$-k_1 x_1 - k_2 x_2 - mg = m\ddot{x} \tag{e5.4.5}$$

위식에 식(e5.4.3)과 식(e5.4.4)를 대입하면 다음과 같이 된다.

$$-k_1(x - \delta_1 - L_1\theta) - k_2(x - \delta_2 + L_2\theta) - mg = m\ddot{x} \tag{e5.4.6}$$

위식을 정리하면,

$$m\ddot{x} + (k_1 + k_2)x + (-k_1L_1 + k_2L_2)\theta \underbrace{- k_1\delta_1 - k_2\delta_2 + mg}_{=0} = 0 \qquad \text{(e5.4.7)}$$

식(5.4.7)의 마지막 세항은 식(e5.4.1)에 의해 소거된다.

그림 e5.4.3의 자유물체도에서 반시계반향으로 뉴턴2법칙(G점에 대한 모멘트 평형)을 고려하면 다음의 식이 얻어진다.

$$k_1x_1L_1 - k_2x_2L_2 = I_G\ddot{\theta} \qquad \text{(e5.4.8)}$$

위식에 식(e5.4.3)과 식(e5.4.4)를 대입하면 다음과 같이 된다.

$$k_1(x - \delta_1 - L_1\theta)L_1 - k_2(x - \delta_2 + L_2\theta)L_2 = I_G\ddot{\theta} \qquad \text{(e5.4.9)}$$

위식을 정리하면

$$I_G\ddot{\theta} + (-k_1L_1 + k_2L_2)x + (k_1L_1^2 + k_2L_2^2)\theta + \underbrace{k_1\delta_1L_1 - k_2\delta_2L_2}_{=0} = 0 \qquad \text{(e5.4.10)}$$

식(e5.4.10)에서 마지막 두항은 식(e5.4.2)에 의해 소거된다.

마지막으로 식(e5.4.7)과 식(e5.4.10)을 하나의 행렬식으로 표현하면 다음과 같이 운동방정식이 구해진다.

$$\begin{bmatrix} m & 0 \\ 0 & I_G \end{bmatrix}\begin{Bmatrix} \ddot{x} \\ \ddot{\theta} \end{Bmatrix} + \begin{bmatrix} k_1 + k_2 & -k_1L_1 + k_2L_2 \\ -k_1L_1 + k_2L_2 & k_1L_1^2 + k_2L_2^2 \end{bmatrix}\begin{Bmatrix} x \\ \theta \end{Bmatrix} = \begin{Bmatrix} 0 \\ 0 \end{Bmatrix} \qquad \text{(e5.4.11)}$$

5.4 2자유도 진동계의 강제 진동 해

앞 절에서 자유진동해를 구하는 과정을 기술하였다. 본 절에서는 강제 진동 해를 구하는 방법에 대해 설명한다. 외력을 조화 가진력으로 가정하면, 식(5.3)은 다음과 같이 된다.

$$\begin{bmatrix} m_1 & 0 \\ 0 & m_2 \end{bmatrix}\begin{Bmatrix} \ddot{x}_1 \\ \ddot{x}_2 \end{Bmatrix}+\begin{bmatrix} k_1+k_2 & -k_2 \\ -k_2 & k_2 \end{bmatrix}\begin{Bmatrix} x_1 \\ x_2 \end{Bmatrix}=\begin{Bmatrix} F_1\sin\omega t \\ F_2\sin\omega t \end{Bmatrix} \tag{5.34}$$

위식에서 ω는 가진주파수이며 F_1과 F_2는 두 질량 각각에 가해진 외력의 최대값이다.

1자유도 진동계에서와 마찬가지로 위식의 해(강제진동해)는 제차해와 특수해의 합으로 구해진다. 제차해는 이미 5.3절에서 이미 구했고 감쇠가 있는 경우에는 제차해는 시간이 지나면 사라지는 과도 응답에 해당하므로 본 절에서는 특수해를 구하는 과정에 집중한다.

먼저 질량 m_1의 변위 특수해 x_{p1}와 질량 m_2의 변위 특수해 x_{p2}는 다음과 같이 외력과 같은 함수로 모양으로 가정한다.

$$x_{p1}=X_1\sin\omega t \tag{5.35}$$

$$x_{p2}=X_2\sin\omega t \tag{5.36}$$

위식들을 식(5.34)에 대입하면

$$\begin{bmatrix} m_1 & 0 \\ 0 & m_2 \end{bmatrix}\begin{Bmatrix} -\omega^2X_1\sin\omega t \\ -\omega^2X_2\sin\omega t \end{Bmatrix}+\begin{bmatrix} k_1+k_2 & -k_2 \\ -k_2 & k_2 \end{bmatrix}\begin{Bmatrix} X_1\sin\omega t \\ X_2\sin\omega t \end{Bmatrix}=\begin{Bmatrix} F_1\sin\omega t \\ F_2\sin\omega t \end{Bmatrix}$$

위식에서 $\sin\omega t$를 소거한 후 정리하면 다음의 식이 얻어진다.

$$\left[\begin{bmatrix} k_1+k_2 & -k_2 \\ -k_2 & k_2 \end{bmatrix}-\omega^2\begin{bmatrix} m_1 & 0 \\ 0 & m_2 \end{bmatrix}\right]\begin{Bmatrix} X_1 \\ X_2 \end{Bmatrix}=\begin{Bmatrix} F_1 \\ F_2 \end{Bmatrix} \tag{5.37}$$

위식을 강성행렬과 질량행렬을 이용하여 표현하면,

$$[\overline{K}-\omega^2\overline{M}]\overline{X}=\overline{F} \tag{5.38}$$

여기서

$$\overline{X}=\begin{Bmatrix}X_1\\X_2\end{Bmatrix},\ \overline{F}=\begin{Bmatrix}F_1\\F_2\end{Bmatrix}$$

식(5.38)은 다음과 같이 정리될 수 있다.

$$\begin{bmatrix}k_1+k_2-\omega^2 m_1 & -k_2\\ -k_2 & k_2-\omega^2 m_2\end{bmatrix}\begin{Bmatrix}X_1\\X_2\end{Bmatrix}=\begin{Bmatrix}F_1\\F_2\end{Bmatrix} \tag{5.39}$$

위식은 다음과 같이 작성 가능하다.

$$\overline{D}\,\overline{X}=\overline{F} \tag{5.40}$$

위식에서 두 질량의 진폭 X_1과 X_2는 다음과 같이 동행렬($\overline{D}$)의 역행렬을 양변에 곱해주는 방법에 의해 구해진다.

$$\begin{Bmatrix}X_1\\X_2\end{Bmatrix}=\begin{bmatrix}k_1+k_2-\omega^2 m_1 & -k_2\\ -k_2 & k_2-\omega^2 m_2\end{bmatrix}^{-1}\begin{Bmatrix}F_1\\F_2\end{Bmatrix}$$

$$\begin{Bmatrix}X_1\\X_2\end{Bmatrix}=\frac{1}{\det(\overline{D})}\begin{bmatrix}k_2-\omega^2 m_2 & k_2\\ k_2 & k_1+k_2-\omega^2 m_1\end{bmatrix}\begin{Bmatrix}F_1\\F_2\end{Bmatrix} \tag{5.41}$$

위식에서 $\det(\overline{D})$는 식(5.20)의 특성방정식에 해당하며 다음과 같다.

$$\det(\overline{D})=(k_1+k_2-\omega^2 m_1)(k_2-\omega^2 m_2)-k_2^2 \tag{5.42}$$

식(5.41)로부터 진폭 X_1과 X_2는 다음과 같이 구해진다.

$$X_1=\frac{(k_2-\omega^2 m_2)F_1+k_2F_2}{\det(\overline{D})} \tag{5.43}$$

$$X_2=\frac{k_2F_1+(k_1+k_2-\omega^2 m_1)F_2}{\det(\overline{D})} \tag{5.44}$$

위의 두 진폭을 식(5.35)와 식(5.36)에 대입하면 변위 응답의 특수해가 구해진다.

위에서 구한 진폭 X_1과 X_2는 공통적으로 분모에 $\det(\overline{D})$가 존재한다. 그래서 $\det(\overline{D})=0$을 만족할 때, 즉 가진주파수가 고유진동수와 같을 때($\omega=\omega_1$ 또는 $\omega=\omega_2$), 진폭은 무한대가 되어 공진이 발생함을 알 수 있다.

예제5.6 **그림 e5.6.1과 같은 이자유도 강제 진동계의 고유진동수, 고유모드를 구하고, $F_0=8$, $m=1$, $k=16$인 경우에 두 질량의 진폭을 그래프로 그려라. 단, 제차해는 고려하지 마라.**

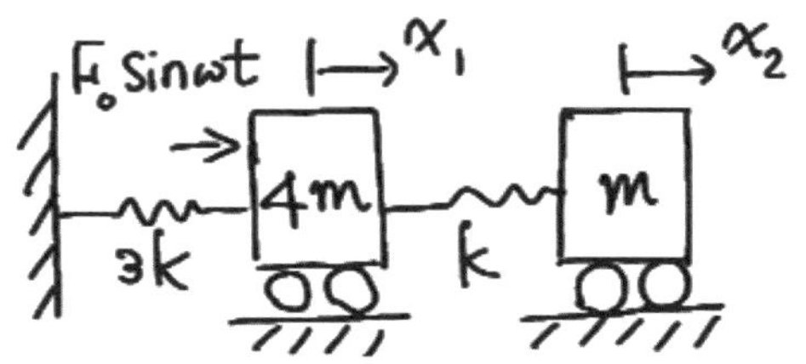

그림 e5.6.1 이자유도 진동계

풀이 식(5.34)로부터 운동방정식은 다음과 같이 된다.

$$\begin{bmatrix} 4m & 0 \\ 0 & m \end{bmatrix}\begin{Bmatrix} \ddot{x}_1 \\ \ddot{x}_2 \end{Bmatrix}+\begin{bmatrix} 4k & -k \\ -k & k \end{bmatrix}\begin{Bmatrix} x_1 \\ x_2 \end{Bmatrix}=\begin{Bmatrix} F_0\sin\omega t \\ 0 \end{Bmatrix} \tag{e5.6.1}$$

그리고 식(5.20)으로부터 특성방정식은 다음과 같이 된다.

$$\det(\overline{D})=(4k-4m\omega^2)(k-m\omega^2)-k^2=0 \tag{e5.6.2}$$

$$(k-m\omega^2)^2-(\frac{k}{2})^2=0$$

$$(k-m\omega^2-\frac{k}{2})(k-m\omega^2+\frac{k}{2})=0$$

$$(\frac{k}{2}-m\omega^2)(\frac{3k}{2}-m\omega^2)=0$$

위식으로부터 고유진동수는 다음과 같이 구해진다.

$$\omega_1=\sqrt{\frac{k}{2m}},\ \ \omega_2=\sqrt{\frac{3k}{2m}}$$

고유모드를 구하기 위하여 식(e5.6.1)에서 $F_0 = 0$으로 가정하여 외력이 없는 자유진동 식으로 변경한다. 변경된 식(e5.6.1)에 $x_1 = u_1 e^{jwt}$, $x_2 = x_2 e^{jwt}$을 대입하고 정리하면 다음의 식을 얻을 수 있다.

$$\begin{bmatrix} 4k-4m\omega^2 & -k \\ -k & k-m\omega^2 \end{bmatrix} \begin{Bmatrix} u_1 \\ u_2 \end{Bmatrix} = \begin{Bmatrix} 0 \\ 0 \end{Bmatrix} \tag{e5.6.3}$$

$\omega_1 = \sqrt{\dfrac{k}{2m}}$ 을 식(e5.6.3)에 대입하면 다음과 같이 된다.

$$\begin{bmatrix} 2 & -1 \\ -1 & 1/2 \end{bmatrix} \begin{Bmatrix} u_1 \\ u_2 \end{Bmatrix} = \begin{Bmatrix} 0 \\ 0 \end{Bmatrix}$$

위식으로부터 첫번째 고유모드는

$$\overline{\phi_1} = \begin{Bmatrix} 1/2 \\ 1 \end{Bmatrix}$$

$\omega_2 = \sqrt{\dfrac{3k}{2m}}$ 을 식(e5.6.3)에 대입하면 다음과 같이 된다.

$$\begin{bmatrix} 2 & 1 \\ 1 & 1/2 \end{bmatrix} \begin{Bmatrix} u_1 \\ u_2 \end{Bmatrix} = \begin{Bmatrix} 0 \\ 0 \end{Bmatrix}$$

위식으로부터 두번째 고유모드는

$$\overline{\phi_2} = \begin{Bmatrix} -1/2 \\ 1 \end{Bmatrix}$$

식(5.43~44)로부터 진폭은 다음과 같이 구해진다.

$$X_1 = \frac{(k-\omega^2 m)F_0}{(4k-4m\omega^2)(k-m\omega^2)-k^2}$$

$$X_2 = \frac{kF_0}{(4k-4m\omega^2)(k-m\omega^2)-k^2}$$

위의 두 식에 $F_0 = 8$, $m = 1$, $k = 16$을 대입하면 각각 다음과 같이 된다.

$$X_1 = \frac{2(16-\omega^2)}{(8-\omega^2)(24-\omega^2)} \tag{e5.6.4}$$

$$X_2 = \frac{32}{(8-\omega^2)(24-\omega^2)} \tag{e5.6.5}$$

위의 두 식으로부터 진폭 $|X_1|$ 과 $|X_2|$ 를 그래프로 나타내면 각각 다음과 같다.

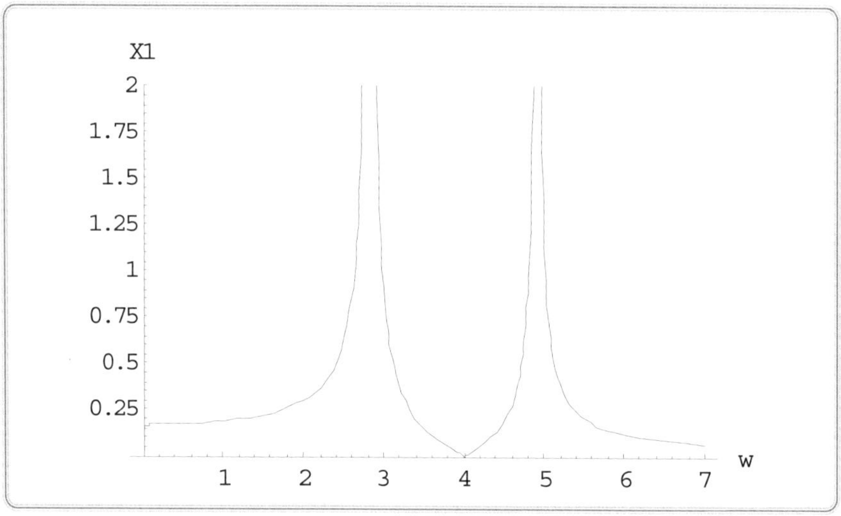

그림e5.6.2 질량 m_1의 진폭 $|X_1|$ 그래프

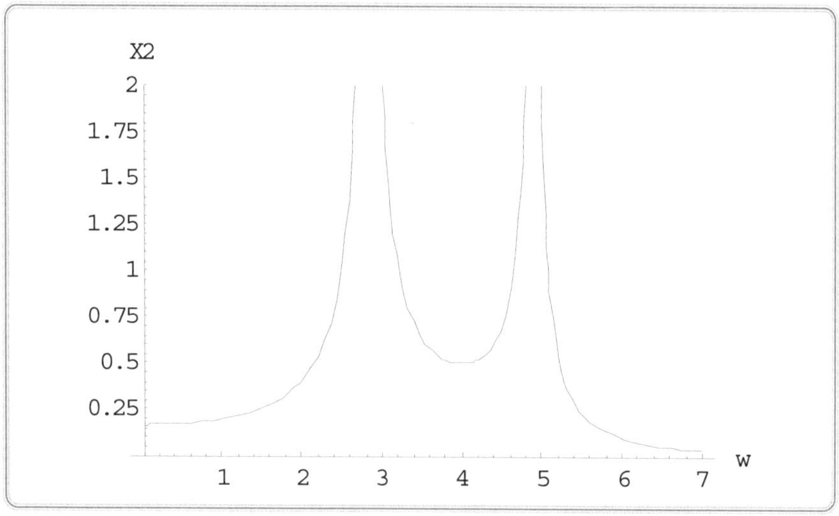

그림 e5.6.3 질량 m_2의 진폭 $|X_2|$ 그래프

위의 두 그래프를 살펴보면 $\omega = 2\sqrt{2} \approx 2.83$와 $\omega = 2\sqrt{6} \approx 4.90$일 때 진폭이 무한대가 됨을 확인할 수 있다. 참고로, $2\sqrt{2}$와 $2\sqrt{6}$는 특성방정식을 만족하는 진동계의 고유진동수이다.

5.5 동흡진기(dynamic vibration absorber)

앞절에서 다룬 예제5.6의 식(e5.6.4)을 살펴보면, 진폭 $|X_1|$ 이 0이 되기 위해서는 식(e5.6.4)의 분자가 0이 되면 된다. 그래서 가진주파수가 $\omega = 4$이 되는 조건이 진폭 $|X_1|$ 이 0이 되는 조건이다. 이러한 사실은 예제5.6의 그림 e5.6.2에서도 확인할 수 있으며, 물리적으로는 질량 $4m$을 4rad/s의 주파수로 가진한다면 질량 $4m$은 진동하지 않고 정지 상태에 있으며, 질량 m만 식(e5.6.5)에 의해 진폭 $|X_2| = 0.5$ 로 진동하게 된다는 것을 의미한다.

위와 같이 두 개의 질량 중 하나의 질량만 진동하고 다른 하나는 정지 상태에 둘 수 있는 원리를 이용하여 진동을 흡수하는 장치가 동흡진기이다. 본 절에서는 동흡진기의 설계 조건에 대해 이론적으로 고찰하고자한다. 3장에서 다룬 회전 기계의 진동을 동흡진기를 이용하여 줄이는 방법에 대해 생각해보자. 그림 5.5와 같이 일정 각속도 ω로 회전하고 있는 불평형 질량 m_e, 불평형 질량의 편심 반경 e, 기계의 총 질량 M, 스프링 강성 k인 경우를 고려해보자. 감쇠 계수는 $c = 0$으로 가정한다.

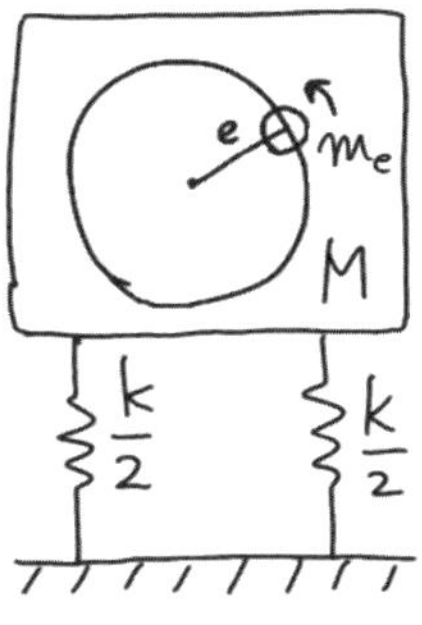

그림 5.5 불평형 질량이 존재하는 회전 기계

이 진동계의 운동방정식은 식(3.40)으로부터 다음과 같음을 알 수 있다.

$$M\ddot{x} + kx = m_e e\omega^2 \sin\omega t \tag{5.45}$$

위 식으로부터 그림5.5는 그림5.6과 같이 간단히 모델링 가능하다.

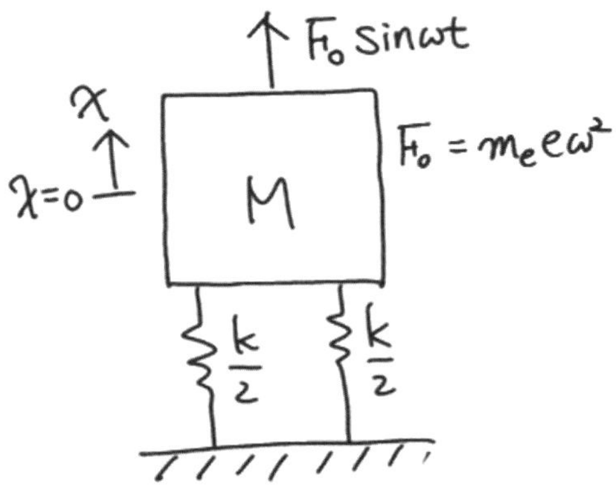

그림 5.6 회전기계 등가 모델

이제 질량 m_a와 스프링 k_a로 구성된 동흡진기를 그림 5.7과 같이 질량 M에 부착하면, 변위 좌표 x와 x_a를 가진 이자유도 진동계가 된다. 그림5.7과 같은 이자유도 진동계의 운동방정식을 유도하기 위해, 먼저 질량 M에 대한 자유물체도를 그리면 그림5.8과 같다. 참고로 1자유도 진동계에서 살펴본 바와 같이 자중 Mg는 수식 전개 과정에서 스프링 정적 변형 관련 항과 소거되므로 본 자유물체도에서는 생략하였다.

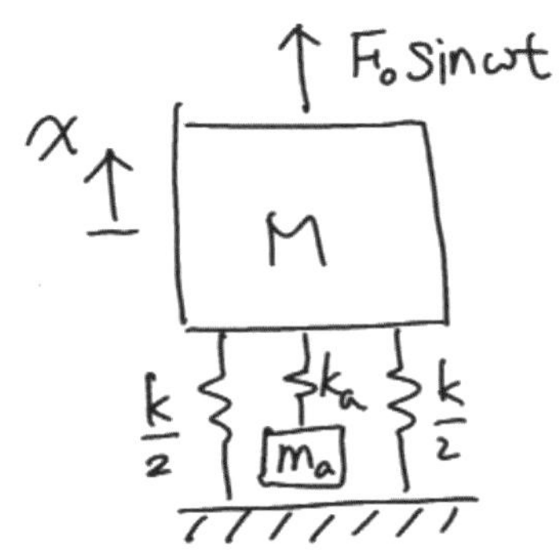

그림 5.7 동흡진기를 부착된 진동계

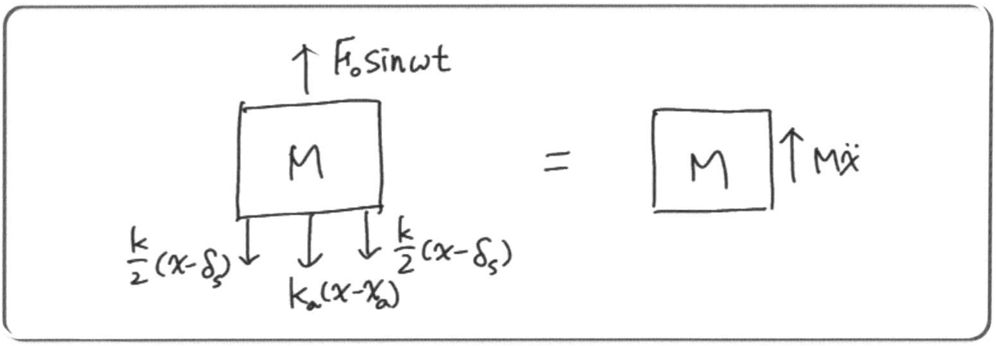

그림 5.8 질량 M에 대한 자유물체도

위의 자유물체도에 뉴턴2법칙을 적용하면 다음의 식을 얻을 수 있다.

$$F_0 \sin\omega t - kx - k_a(x - x_a) = M\ddot{x} \tag{5.46}$$

식(5.46)을 정리하면 다음의 식이 얻어진다.

$$M\ddot{x} + (k + k_a)x - k_a x_a = F_0 \sin\omega t \tag{5.47}$$

다음으로, 질량 m_a에 대한 자유물체도를 그리면 그림5.9와 같다.

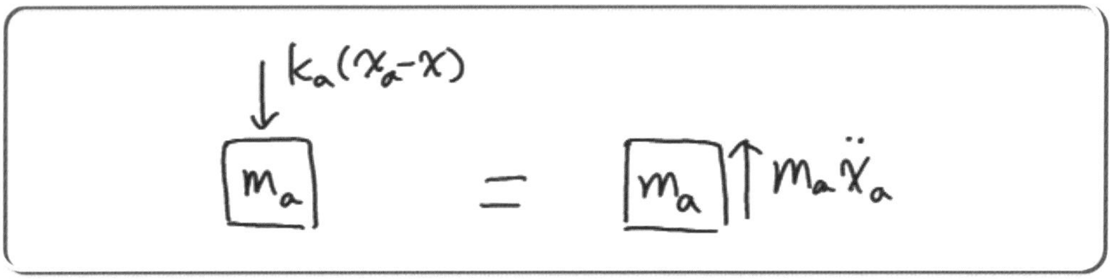

그림 5.9 질량 m_a에 대한 자유물체도

위의 자유물체도에 뉴턴2법칙을 적용하면 다음의 식을 얻을 수 있다.

$$-k_a(x_a - x) = m_a \ddot{x}_a \tag{5.48}$$

식(5.46)을 정리하면 다음의 식이 얻어진다.

$$m_a\ddot{x}_a - k_a x + k_a x_a = 0 \tag{5.49}$$

식(5.47)과 식(5.49)를 하나의 행렬식으로 나타내면,

$$\begin{bmatrix} M & 0 \\ 0 & m_a \end{bmatrix}\begin{Bmatrix} \ddot{x} \\ \ddot{x}_a \end{Bmatrix} + \begin{bmatrix} k+k_a & -k_a \\ -k_a & k_a \end{bmatrix}\begin{Bmatrix} x \\ x_a \end{Bmatrix} = \begin{Bmatrix} F_0 \sin\omega t \\ 0 \end{Bmatrix} \tag{5.50}$$

위식은 식(5.34)와 같은 형태이므로, 5.4절의 결과인 식(5.43~44)를 이용하면 다음과 같이 질량 M의 진폭 X와 질량 m_a의 진폭 X_a를 구할 수 있다.

$$X = \frac{(k_a - \omega^2 m_a)F_0}{\det(\overline{D})} \tag{5.51}$$

$$X_a = \frac{k_a F_0}{\det(\overline{D})} \tag{5.52}$$

위식에서 $\det(\overline{D})$는 식(5.42)에 의해 다음과 같다.

$$\det(\overline{D}) = (k + k_a - \omega^2 M)(k_a - \omega^2 m_a) - k_a^2 \tag{5.53}$$

이제 질량 M의 진폭 X을 최소화하는 방안에 대해 생각해보자. 식(5.51)을 살펴보면, 진폭 X는 다음의 조건을 만족할 때 0이 됨을 알 수 있다.

$$k_a - \omega^2 m_a = 0 \tag{5.54}$$

또는

$$\omega = \sqrt{\frac{k_a}{m_a}} \tag{5.55}$$

위의 식이 흡진기 설계 조건 식에 해당한다. 만약 회전기계의 불평형 질량의 회전 각속도가 ω이다면, 이 설계조건을 만족하는 흡진기 m_a와 k_a를 부착한다면, 회전기

계의 진폭은 이론적으로 0이 되고, 흡진기 질량 m_a의 진폭은 식(5.52)에 의해 다음과 같이 계산될 수 있다.

$$X_a = \frac{k_a F_0}{\det(\overline{D})} = \frac{k_a F_0}{(k+k_a-\omega^2 M)\underbrace{(k_a-\omega^2 m_a)}_{=0}-k_a^2} = -\frac{F_0}{k_a} \tag{5.56}$$

위의 계산 결과로부터 흡진기 질량의 진폭은 F_0/k_a임을 알 수 있으며, 식(5.56)의 계산 결과에서 음의 부호는 흡진기 질량의 변위가 외력과 반대 방향으로 발생한다는 것을 의미한다. 즉, 위상차가 180도이므로 힘이 위로 가해지면 변위는 아래로 발생한다는 것이다.

예제5.7 **질량 70Kg인 회전 기계가 180rpm으로 회전하는 불균형 질량에 의해 12N의 원심력이 발생하여 진동하고 있다. 회전 기계를 지지하고 있는 스프링의 강성이 2400N/m인 경우에 회전기계의 진동을 0으로 만들기 위한 흡진기를 설계하라. 단, 흡진기의 진폭은 0.3cm 이내이어야 한다.**

풀이 가진주파수 180rpm을 rad/s 단위로 환산하면 다음과 같다.

$$\omega = 2\pi\frac{180}{60} = 6\pi \text{rad/s}$$

회전기계의 진폭을 0으로 만들기 위한 흡진기 설계 조건 식(5.54)에 위의 가진주파수를 대입하면,

$$k_a = (6\pi)^2 m_a \tag{e5.7.1}$$

흡진기의 진폭이 0.3cm 보다 작아야 하므로, 식(5.56)을 이용하여 식(e5.7.2)를 얻을 수 있다. 참고로 식(5.56)에서 변위와 힘의 크기만을 고려하므로 음의 부호는 생략되었다.

$$X_a = \frac{F_0}{k_a} \le 0.3\times 10^{-2} \tag{e5.7.2}$$

위식에 $F_0 = 12$를 대입하고 정리하면 다음과 같은 흡진기 스프링 설계

조건을 얻을 수 있다.

$$k_a \geq 4000\text{N/m} \tag{e5.7.3}$$

흡진기 질량 설계 조건을 구하기 위해 식(e5.7.3)에 식(e5.7.1)을 대입하면, 다음이 얻어진다.

$$(6\pi)^2 m_a \geq 4000$$

$$m_a \geq 11.3\text{kg} \tag{e5.7.4}$$

이상과 같이 흡진기 설계 조건은 식(e5.7.3)과 식(e5.7.4)와 같이 구해졌다. 일예로 흡진기 질량을 10kg으로 결정한다면, 식(e5.7.1)에 의해 흡진기 스프링 강성은 3553N/m이 된다. 이럴 경우 흡진기 질량의 진폭은 식(e5.7.2)에 의해 다음과 같이 0.34cm로 구해진다.

$$X_a = \frac{12}{3553} = 0.34 \times 10^{-2}\text{m}$$

5.6 다자유도 진동계의 운동방정식, 고유진동수, 고유벡터, 정상상태 응답

본 절에서는 3자유도 이상의 다자유도 시스템에 대한 운동방정식과 고유진동수 등을 구하는 방법에 대해 고찰하고자 한다. 결론부터 말하면, 다자유도 시스템도 2자유도 시스템과 마찬가지로 운동방정식은 식(5.4)과 동일한 형태의 행렬식으로 다음과 같이 구해진다.

$$\overline{M}\ddot{\overline{x}} + \overline{C}\dot{\overline{x}} + \overline{K}\overline{x} = \overline{f} \tag{5.57}$$

만약 n자유도 시스템이라면, 식(5.57)의 질량행렬 $\overline{M}$, 감쇠행렬 $\overline{C}$, 강성행렬 $\overline{K}$은 크기는 $n \times n$이며, 변위벡터 $\overline{x}$와 힘벡터 $\overline{f}$의 크기는 $n \times 1$이다.

예제5.8 그림 e5.8.1과 같은 3자유도 진동계에 대한 운동방정식을 유도하라.

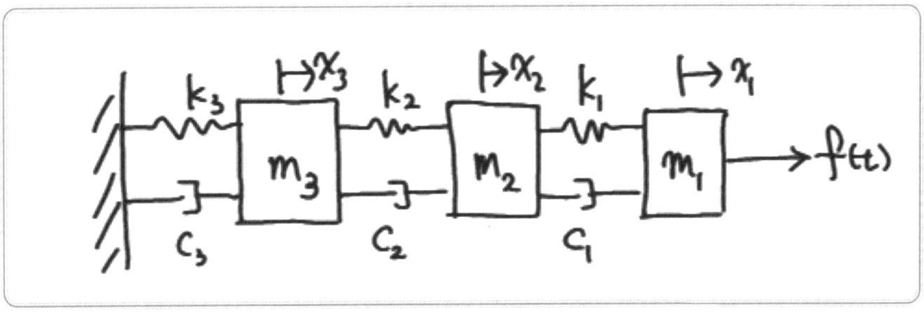

그림 e5.8.1 3자유도 진동계

풀이 질량 m_1에 대한 자유물체도를 그리면 그림 e5.8.2와 같다. 자유물체도에 뉴턴 2법칙을 적용하면 다음의 식을 얻을 수 있다.

$$-c_1(\dot{x}_1-\dot{x}_2)-k_1(x_1-x_2)+f(t)=m_1\ddot{x}_1 \quad \text{(e5.8.1)}$$

위식을 정리하면 다음을 얻을 수 있다.

$$m_1\ddot{x}_1+c_1\dot{x}_1-c_1\dot{x}_2+k_1x_1-k_1x_2=f(t) \quad \text{(e5.8.2)}$$

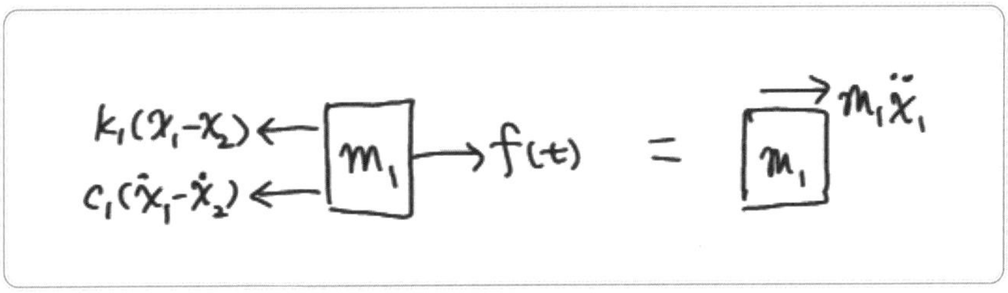

그림 e5.8.2 질량 m_1에 대한 자유물체도

질량 m_2에 대한 자유물체도를 그리면 그림 e5.8.3와 같다. 자유물체도에 뉴턴 2법칙을 적용하면 다음의 식을 얻을 수 있다.

$$-c_1(\dot{x}_2-\dot{x}_1)-c_2(\dot{x}_2-\dot{x}_3)-k_1(x_2-x_1)-k_2(x_2-x_3)=m_2\ddot{x}_2 \quad \text{(e5.8.3)}$$

위식을 정리하면 다음을 얻을 수 있다.

$$m_2\ddot{x}_2-c_1\dot{x}_1+(c_1+c_2)\dot{x}_2-c_2\dot{x}_3-k_1x_1+(k_1+k_2)x_2-k_2x_3=0 \quad \text{(e5.8.4)}$$

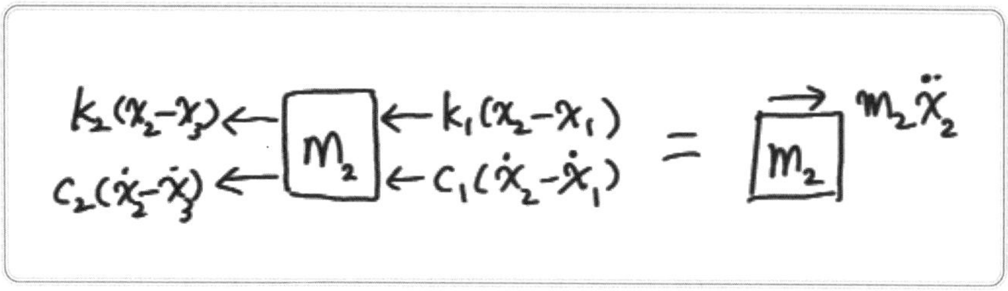

그림 e5.8.3 질량 m_2에 대한 자유물체도

질량 m_3에 대한 자유물체도를 그리면 그림 e5.8.4와 같다. 자유물체도에 뉴턴 2법칙을 적용하면 다음의 식을 얻을 수 있다.

$$-c_2(\dot{x}_3-\dot{x}_2)-c_3\dot{x}_3-k_2(x_3-x_2)-k_3x_3=m_3\ddot{x}_3 \tag{e5.8.5}$$

위식을 정리하면 다음을 얻을 수 있다.

$$m_3\ddot{x}_3-c_2\dot{x}_2+(c_2+c_3)\dot{x}_3-k_2x_2+(k_2+k_3)x_2=0 \tag{e5.8.6}$$

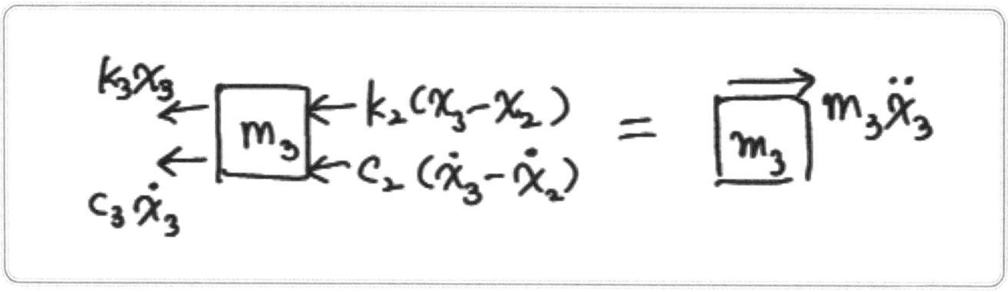

그림 e5.8.3 질량 m_3에 대한 자유물체도

식(e5.8.2), 식(e5.8.4), 식(e5.8.6)을 하나의 행렬식으로 나타내면 다음과 같은 행렬 형태의 운동방정식이 구해진다.

$$\begin{bmatrix} m_1 & 0 & 0 \\ 0 & m_2 & 0 \\ 0 & 0 & m_3 \end{bmatrix}\begin{Bmatrix} \ddot{x}_1 \\ \ddot{x}_2 \\ \ddot{x}_3 \end{Bmatrix}+\begin{bmatrix} c_1 & -c_1 & 0 \\ -c_1 & c_1+c_2 & -c_2 \\ 0 & -c_2 & c_2+c_3 \end{bmatrix}\begin{Bmatrix} \dot{x}_1 \\ \dot{x}_2 \\ \dot{x}_3 \end{Bmatrix}+\begin{bmatrix} k_1 & -k_1 & 0 \\ -k_1 & k_1+k_2 & -k_2 \\ 0 & -k_2 & k_2+k_3 \end{bmatrix}\begin{Bmatrix} x_1 \\ x_2 \\ x_3 \end{Bmatrix}=\begin{Bmatrix} f(t) \\ 0 \\ 0 \end{Bmatrix} \tag{e5.8.7}$$

위와 같은 3자유도 진동계의 운동방정식도 식(5.57)과 같은 형태임을 확인할 수 있다.

외력이 존재하지 않는, 즉 $\bar{f}=0$인 n자유도 진동계의 고유진동수와 고유벡터를 구하기 위해서는 식(5.57)에 있는 변위벡터를 식(5.8)과 같은 방식으로 다음과 같이 가정한다.

$$\bar{x}=\begin{Bmatrix} x_1 \\ x_2 \\ \vdots \\ x_n \end{Bmatrix} \tag{5.58}$$

$x_i=u_i e^{j\omega t}$, $i=1,2,\cdots,n$로 가정한다면 식(5.58)은 다음과 같이 된다.

$$\bar{x}=\begin{Bmatrix} u_1 \\ u_2 \\ \vdots \\ u_n \end{Bmatrix} e^{j\omega t} \tag{5.59}$$

위식을 식(5.57)에 대입하고 정리하면 식(5.17)과 같은 형태로 다음의 식이 얻어진다.

$$[\overline{K}-\omega^2\overline{M}]\bar{\phi}=\bar{0} \tag{5.60}$$

여기서 고유벡터 $\bar{\phi}$는

$$\bar{\phi}=\begin{Bmatrix} u_1 \\ u_2 \\ \vdots \\ u_n \end{Bmatrix} \tag{5.61}$$

n자유도 진동계의 고유진동수는 다음과 같이 동행렬 $\overline{D}$의 판별식이 0되게 하는 진동수이다.

$$\det[\overline{D}]=\det[\overline{K}-\omega^2\overline{M}]=0 \tag{5.62}$$

위식을 풀면 n개의 고유진동수가 다음과 같이 구해진다.

$$\omega=\omega_1, \omega_2, \cdots, \omega_n \tag{5.63}$$

위에서 구한 고유진동수를 식(5.60)에 대입하면, n개의 고유벡터 $\overline{\phi_1}, \overline{\phi_2}, \cdots, \overline{\phi_n}$을 구할 수 있다.

예제5.9 **그림 e5.8.1과 같은 3자유도 진동계에서 감쇠와 외력을 무시하고, $m_1 = m_2 = m_3 = 10$kg, $k_1 = 2k_2 = 3k_3 = 60$N/m인 경우에 대하여 고유진동수와 고유벡터를 구하여라.**

풀이 주어진 질량과 강성 값을 식(e5.8.7)에 대입하면 다음과 같다.

$$\begin{bmatrix} 10 & 0 & 0 \\ 0 & 10 & 0 \\ 0 & 0 & 10 \end{bmatrix} \begin{Bmatrix} \ddot{x}_1 \\ \ddot{x}_2 \\ \ddot{x}_3 \end{Bmatrix} + \begin{bmatrix} 60 & -60 & 0 \\ -60 & 90 & -30 \\ 0 & -30 & 50 \end{bmatrix} \begin{Bmatrix} x_1 \\ x_2 \\ x_3 \end{Bmatrix} = \begin{Bmatrix} 0 \\ 0 \\ 0 \end{Bmatrix} \tag{e5.9.1}$$

위식에 포함된 질량행렬 $\overline{M}$와 강성행렬 $\overline{K}$을 식(5.60)에 대입하면 다음의 식이 얻어진다.

$$\left[\begin{bmatrix} 60 & -60 & 0 \\ -60 & 90 & -30 \\ 0 & -30 & 50 \end{bmatrix} - \omega^2 \begin{bmatrix} 10 & 0 & 0 \\ 0 & 10 & 0 \\ 0 & 0 & 10 \end{bmatrix} \right] \begin{Bmatrix} u_1 \\ u_2 \\ u_3 \end{Bmatrix} = \begin{Bmatrix} 0 \\ 0 \\ 0 \end{Bmatrix} \tag{e5.9.2}$$

위식을 정리하면

$$\begin{bmatrix} 60-10\omega^2 & -60 & 0 \\ -60 & 90-10\omega^2 & -30 \\ 0 & -30 & 50-10\omega^2 \end{bmatrix} \begin{Bmatrix} u_1 \\ u_2 \\ u_3 \end{Bmatrix} = \begin{Bmatrix} 0 \\ 0 \\ 0 \end{Bmatrix} \tag{e5.9.3}$$

위식은 $\overline{D}\overline{x} = \overline{0}$의 형태이다. 그래서 동행렬은 다음과 같다.

$$\overline{D} = \begin{bmatrix} 60-10\omega^2 & -60 & 0 \\ -60 & 90-10\omega^2 & -30 \\ 0 & -30 & 50-10\omega^2 \end{bmatrix} \tag{e5.9.4}$$

위식으로부터 특성방정식 $\det[\overline{D}] = 0$를 구하면 다음과 같다.

$$\omega^6 - 20\omega^4 + 84\omega^2 - 36 = 0 \tag{e5.9.5}$$

식(e5.9.5)를 만족하는 고유진동수를 수치해석 프로그램(매스메티가 또는 매트랩)을 이용해 구하면 다음과 같다.

$$\omega_1 = 0.695, \ \omega_2 = 2.283, \ \omega_3 = 3.782 \tag{e5.9.6}$$

위에서 구한 고유진동수를 식(e5.9.3)에 대입하여 u_1, u_2, u_3의 비를 구하는 방법에 의해 세 개의 고유벡터를 구하면 다음과 같다.

$$\overline{\phi_1}=\begin{Bmatrix}1.64\\1.51\\1\end{Bmatrix},\ \overline{\phi_2}=\begin{Bmatrix}-0.55\\-0.07\\1\end{Bmatrix},\ \overline{\phi_3}=\begin{Bmatrix}2.24\\-3.10\\1\end{Bmatrix} \tag{e5.9.7}$$

이제 n자유도 진동계에 대한 정상상태 응답을 구하는 과정에 대해 고찰하자. 앞에서 고찰한 2자유도 진동계에서와 마찬가지로, 정상상태 응답은 다음과 같이 가정한다.

$$\overline{x_p}=\begin{Bmatrix}X_1\\X_2\\\vdots\\X_n\end{Bmatrix}\sin\omega t \tag{5.64}$$

위식을 식(5.57)에 대입하면 식(5.40)과 같은 형태의 식(5.65)를 얻을 수 있다. 단, 감쇠는 없는 것으로 가정하였다.

$$\overline{D}\,\overline{X}=\overline{F} \tag{5.65}$$

위식에서 $\overline{X}$와 $\overline{F}$는 다음과 같다.

$$\overline{X}=\begin{Bmatrix}X_1\\X_2\\\vdots\\X_n\end{Bmatrix},\ \overline{F}=\begin{Bmatrix}F_1\\F_2\\\vdots\\F_n\end{Bmatrix} \tag{5.66, 5.67}$$

식(5.65)에 동행렬의 역행렬을 양변에 곱해주면, $\overline{X}$를 다음과 같이 구할 수 있다.

$$\overline{X}=\overline{D}^{-1}\overline{F} \tag{5.68}$$

위식에서 구한 $\overline{X}$를 식(5.64)에 대입하면 정상상태 응답을 최종적으로 구할 수 있다.

예제5.10 **예제 5.9에서 질량 m_1에 조화가진력 $10\sin 2t$이 작용할 때 정상상태 응답을 구하여라.**

풀이 조화가진력이 $10\sin 2t$이므로 가진주파수는 $\omega=2$이다. $\omega=2$을 식(e5.9.4)의 구한 동행렬에 대입하면 다음과 같이 된다.

$$\overline{D}=\begin{bmatrix} 20 & -60 & 0 \\ -60 & 50 & -30 \\ 0 & -30 & 10 \end{bmatrix}$$

위에서 구한 동행렬을 식(5.65)에 대입하면,

$$\overline{X}=\begin{bmatrix} 20 & -60 & 0 \\ -60 & 50 & -30 \\ 0 & -30 & 10 \end{bmatrix}^{-1}\begin{Bmatrix} 10 \\ 0 \\ 0 \end{Bmatrix}$$

위식을 계산하면, 다음과 같이 진폭이 계산된다.

$$\overline{X}=\begin{bmatrix} 20 & -60 & 0 \\ -60 & 50 & -30 \\ 0 & -30 & 10 \end{bmatrix}^{-1}\begin{Bmatrix} 10 \\ 0 \\ 0 \end{Bmatrix}=\frac{1}{22}\begin{Bmatrix} 2 \\ -3 \\ -9 \end{Bmatrix}$$

위의 결과를 식(5.64)에 대입하면, 다음과 같이 정상상태 응답이 구해진다.

$$\overline{x_p}=\frac{1}{22}\begin{Bmatrix} 2 \\ -3 \\ -9 \end{Bmatrix}\sin\omega t$$

또는

$$x_{p1}=\frac{2}{22}\sin\omega t,\ x_{p2}=-\frac{3}{22}\sin\omega t,\ x_{p3}=-\frac{9}{22}\sin\omega t$$

5장 연습문제

01 그림과 같은 2자유도 시스템의 운동방정식을 구하라.

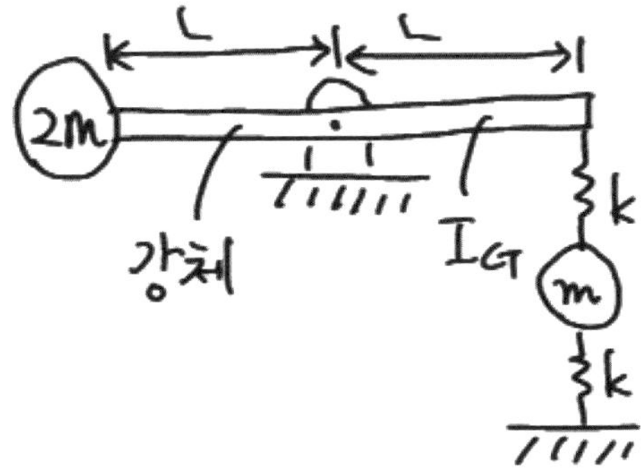

02 자동차의 상하 방향 진동에 영향을 주는 탄성은 서스펜션 스프링 강성과 타이어 공기 탄성이다. 그래서 그림과 같이 서스펜션 스프링 강성은 k_s로, 타이어 (공기압) 탄성은 스프링 k_t로 모델링 하였다. 차체의 질량은 m_c로, 타이어 휠의 질량은 m_w로 모델링하였다. 이 모델에 대한 운동방정식을 유도하라. 그리고, 서스펜션 스프링 강성 k_s =1200N/m, 타이어 공기압 탄성 k_t =8000N/m, 차체 질량 m_c =1800kg, 바퀴 휠 질량 m_w =40kg인 경우에 대해, 고유진동수와 고유벡터를 구하여라.

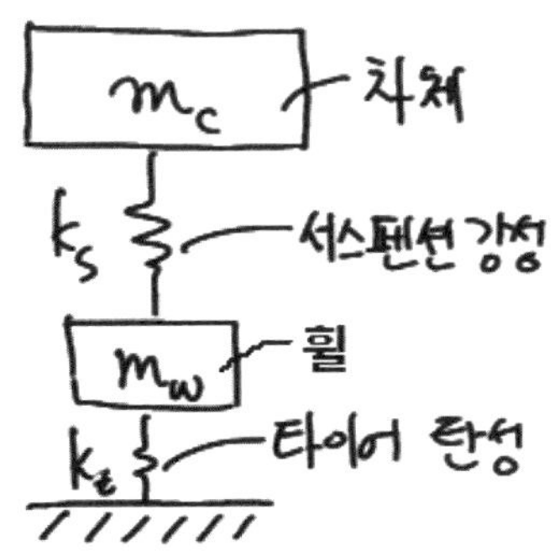

03 그림과 같이 강체 막대가 스프링에 의해 매달려 있다. 2자유도 모델에 대한 운동방정식을 구하고, 고유진동수와 고유벡터도 구하라.

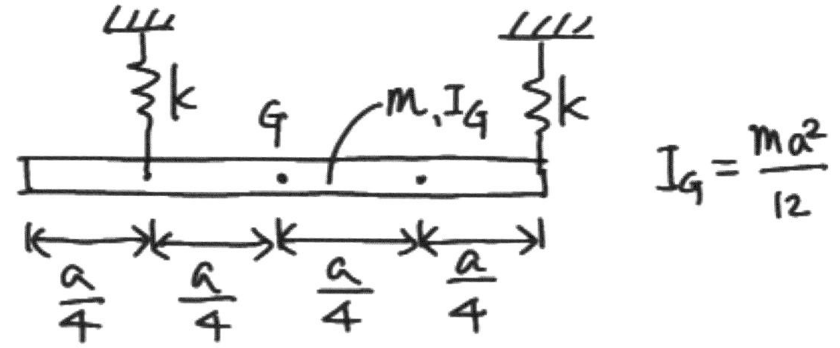

04 그림은 비행기 날개 단면(airfoil)이다. 비행 시 날개는 상하로 진동도 하고 비틀림 진동도 발생한다. 이러한 상황을 분석하기 위해 그림과 같이 비행기 날개를 상하 진동에 저항하는 강성 k를 가지는 스프링과 비틀림 진동에 저항하는 비틀림 강성 k_t를 가지는 비틀림 스프링으로 모델링을 하였다. 이 모델에 대한 2자유도 운동방정식을 유도하라. 스프링 지지점 O와 무게 중심점 G 사이의 수평거리는 e이다.

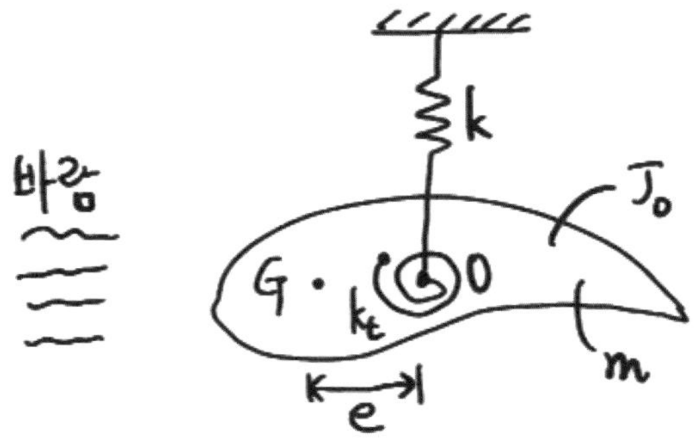

05 2층 건물은 그림과 같이 간단히 모델링 할 수 있다. 2층 바닥의 질량은 $2m$, 수평 변위는 x_1이고 2층 지붕의 질량은 m, 수평 변위는 x_2이다. 그리고 1층과 2층의 기둥의 강성 $2k$와 k는 모두 수평방향 강성을 의미한다. 2자유도 모델에 대한 운동방정식을 유도하고, 고유진동수와 고유벡터를 구하여라.

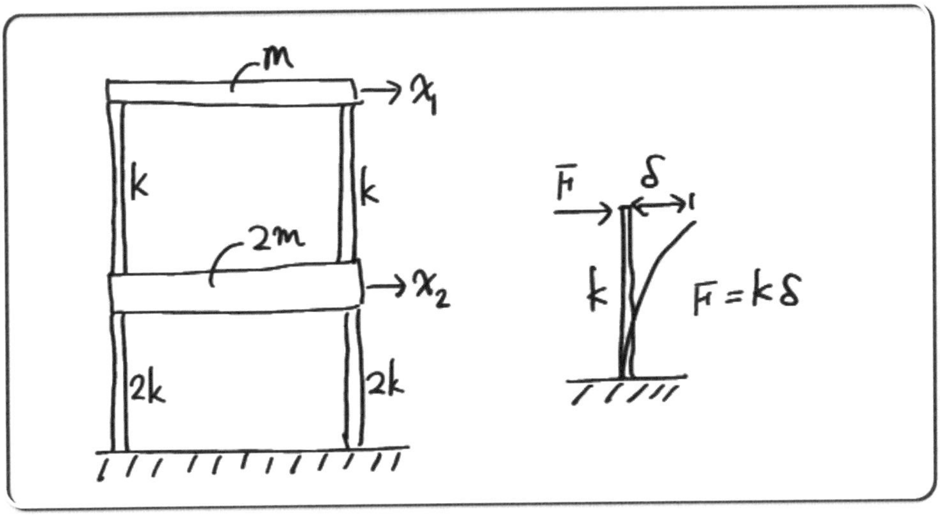

06 스키 리프트는 그림과 같이 2자유도로 모델링 가능하다. 운동방정식을 유도하고, 고유진동수를 구하여라. 그리고 리프트에 탑승한 사람이 진동을 적게 느끼도록 하기 위해서는 강성 k를 크게 해야 되는지 작게 해야 되는지 판단하라.

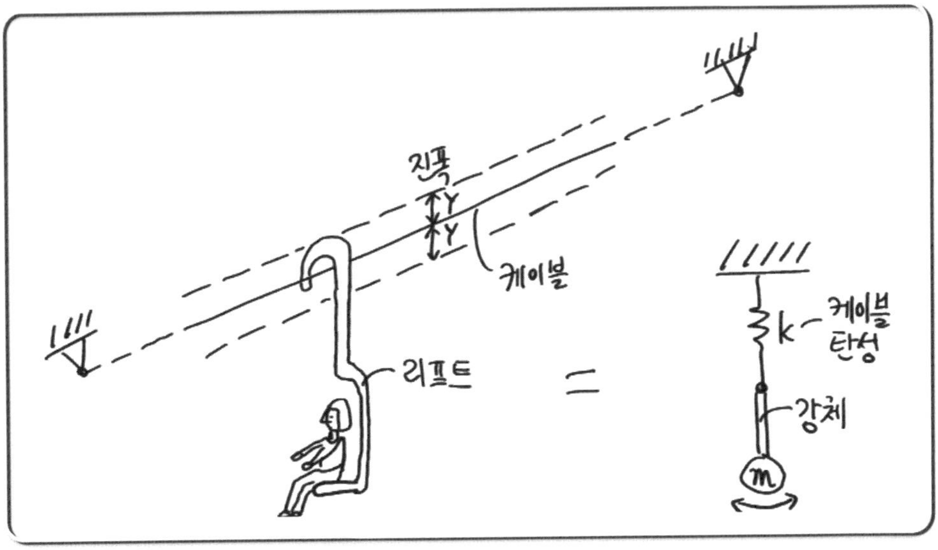

07 자동차가 그림과 같이 60km/h의 속력으로 파장이 10m이고 진폭이 5cm인 사인파 형상의 도로를 달리고 있다. 자동차가 예제 5.5와 같이 2자유도로 모델링 되었을 경우, 미소 진동으로 가정하고 운동방정식을 유도하라. 그리고 고유진동수를 구하라. 단, 자동차의 질량은 $m = 1000$kg, 질량관성모멘트는 $I_G = 800$kg·m^2, $L_1 = 1$m, $L_2 = 1.5$m, 스프링 강성은 $k_1 = 18$kN/m, $k_2 = 22$kN/m이다.

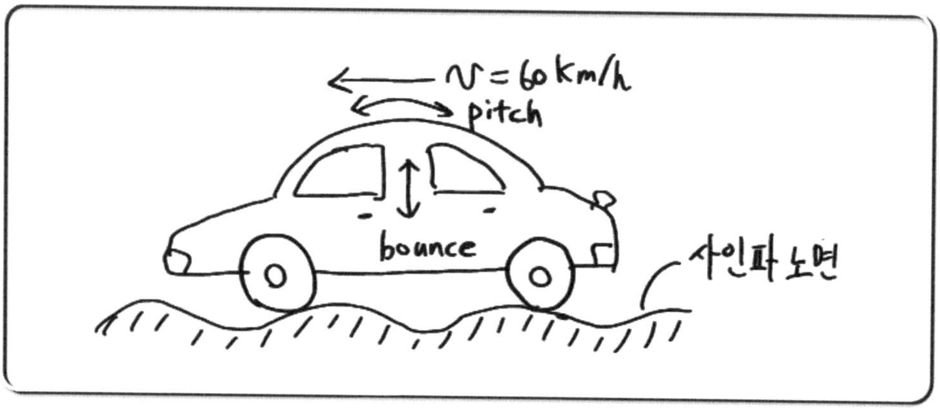

08 그림과 같은 2자유도 진동계의 고유진동수와 정상상태 응답 x와 θ의 진폭을 구하라.

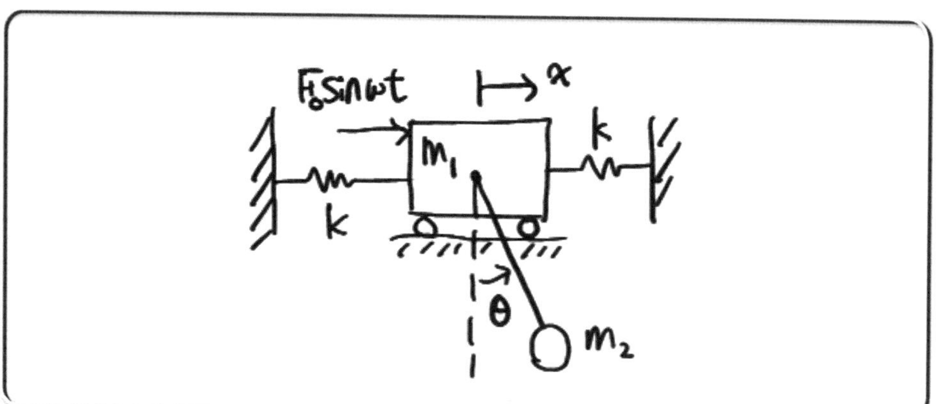

09 그림과 같이 비틀림이 작용하는 축에 원판이 부착되어 있다. 위 쪽 원판에 조화가진 모멘트 $200\sin\omega t$N·m 가 작용할 때, 운동방정식, 고유진동수, 고유벡터를 구하여라. 그리고 가진주파수가 5rad/s 일때와 10rad/s 일때의 위쪽 원판의 정상상태 응답 진폭을 구하라. 단, 원판의 질량관성모멘트는 $J_1 = 4$kg·m^2, $J_2 = 1$kg·m^{2}이고, 축의 등가 비틀림 스프링 상수 $k_{t1} = 300$N·m /rad, $k_{t2} = 80$N·m /rad이다.

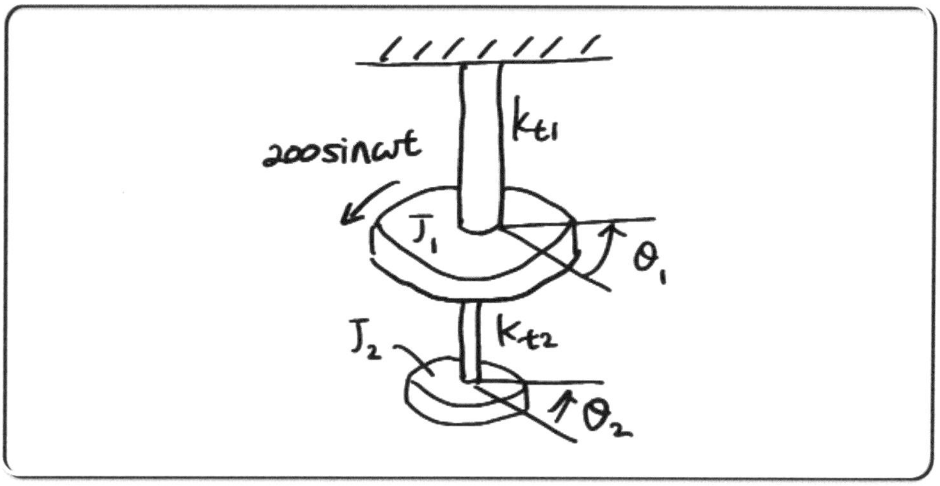

10 양쪽에 제트엔진이 부착된 비행기는 그림과 같이 3자유도 모델링이 가능하다. 이 모델에 대한 운동방정식을 유도하라.

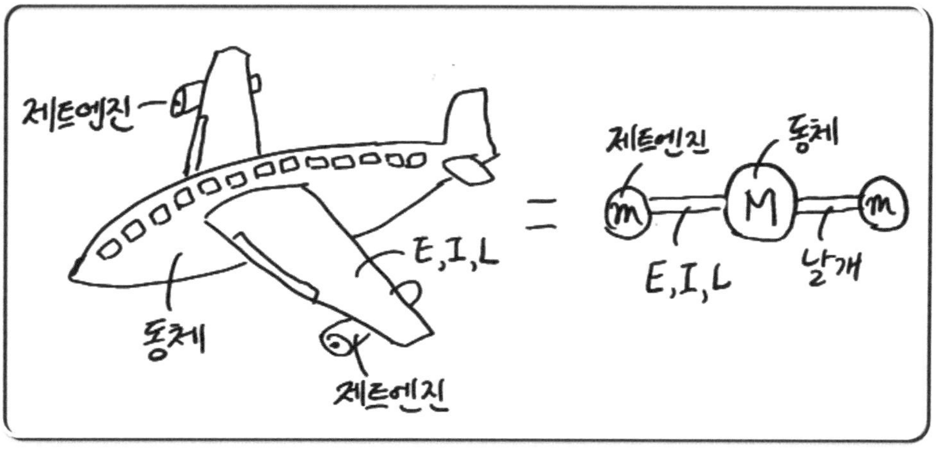

11 예제 5.5의 자동차 단순 모델에서 타이어 공기압의 탄성과 휠 질량을 추가해서 자동차를 그림과 같이 4자유도로 모델링 하였다. 이 모델에 대한 운동방정식을 유도하라.

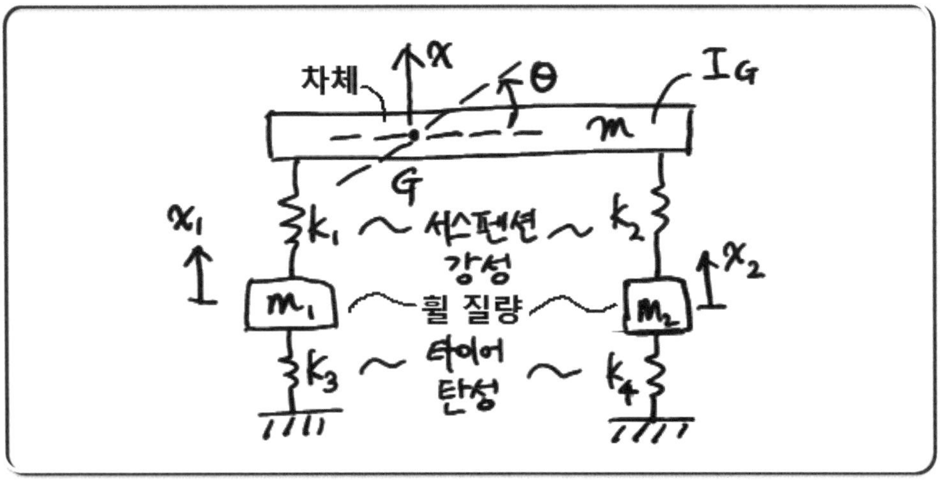

12 모터가 5400rpm 속도에서 심하게 진동하는 것을 발견하였다. 이때 불균형 질량의 회전에 의해 발생하는 불균형력의 최대값은 600N이다. 만약 흡진기 질량의 진폭이 2mm로 제한되는 상황에서 흡진기를 적절히 설계하라.

13 질량 100kg의 회전기계가 6000rpm에서 운전되면서 공진이 발생하고 있다. 흡진기를 부착하여 시스템의 고유진동수가 운전 속도 6000rpm에서 10% 이상 떨어지도록, 적절한 흡진기를 설계하라. (단, 감쇠는 무시)

저자소개

강 상 욱

서울대학교 기계설계학과 졸업
서울대학교 대학원 기계설계학과 졸업(석사)
서울대학교 대학원 기계설계학과 졸업(박사)
삼성전자 생활가전사업부 선행개발팀 책임연구원
중소기업연수원 LabVIEW 기반 계측제어 과정 출강
현대자동차 진동 소음 교육 과정 출강
현대모비스 진동 이론 및 응용 교육 과정 출강
현) 한성대학교 기계시스템공학과 교수

| 저서 |

- 기계 진동학(2013)
- (예제로 배우는) LabVEW 기반 계측제어(2013)
- (예제로) LabVEW 완전정복(2011)
- (예제로) LabVIEW 마스터하기(2009)
- 예제로 쉽게 배우는 LabVIEW(2006)
- 컴퓨터와 인터넷개론(2004)

학부 기계 진동학

초판 2쇄 인쇄 2017년 9월12일
초판 2쇄 발행 2017년 9월12일

저 자 강상욱
발 행 인 이상한
발행한곳 한성대학교 출판부

우편주소 서울특별시 성북구 삼선교로16길 116
대표전화 (02) 760 / 4174
팩시밀리 (02) 760 / 5969

편집제작 대자커뮤니케이션 | 대표(02) 2269-6724

ISBN 978-89-6820-012-0 93550 **정가** 10,000원

본 총서는 한성대학교 교내 학술연구비 지원에 의해 발행되었음.